模糊本体再工程

李卫军　著

东北大学出版社
·沈 阳·

图书在版编目（CIP）数据

模糊本体再工程 / 李卫军著. — 沈阳 ：东北大学出版社，2020. 12
ISBN 978-7-5517-2582-8

Ⅰ. ①模… Ⅱ. ①李… Ⅲ. ①逻辑数据库 - 研究 Ⅳ. ①TP311. 13

中国版本图书馆CIP数据核字（2020）第238835号

出 版 者：东北大学出版社
地址：沈阳市和平区文化路3号巷11号
邮编：110004
电话：024-83680176（市场部）　83680176（社务室）
传真：024-83680180（市场部）　83680265（社务室）
E-mail：neuph @ neupress.com
网址：http://www.neupress.com
印 刷 者：辽宁一诺广告印务有限公司
发 行 者：东北大学出版社
幅面尺寸：170mm×230mm
印　　张：10.5
字　　数：173千字
出版时间：2020年12月第1版
印刷时间：2020年12月第1次印刷
策划编辑：汪子珺
责任编辑：李　佳
责任校对：刘　泉
封面设计：潘正一
责任出版：唐敏志

ISBN 978-7-5517-2582-8　　　　定　　价：66.00元

前　言

语义Web是当前Web的变革和延伸，其目标是帮助机器理解信息的含义，使得高效的信息共享和机器智能协同成为可能。为了有效地组织语义Web中的语义信息，实现机器或设备自动识别和处理数据，通常使用本体作为知识表示模型。随着本体的广泛应用，大量本体通过手动、半自动或全自动的方式被构建出来。在本体工程框架下，将本体模型转换成数据库模型是本体管理的重要内容之一，这一过程被称为本体再工程。本体再工程中，本体到概念数据模型的转换服务于本体的重用和集成，而本体到逻辑数据库模型的转换服务于大规模本体持久化。

一方面，经典本体无法表达现实世界中大量存在的不精确模糊信息。为此，很多研究者将模糊集理论引入经典本体，提出模糊本体模型。另一方面，模糊数据库是实现现实世界中模糊信息表示与处理的主要形式，模糊数据库技术经过多年的研究与发展，在模糊数据表示和处理方面已经取得了一定的成果，这就为模糊本体再工程到模糊数据库模型提供了基础。

本书从满足模糊本体管理的需要出发，利用本体再工程的方法实现模糊本体到模糊数据库模型的转换。首先，通过对模糊本体的研究，给出了模糊OWL 2本体的形式化定义。在此基础上，根据模糊OWL 2再工程的需要，研究模糊OWL 2本体模型到模糊概念数据库模型，以及模糊逻辑数据库模型的转换方法。对于前者，选取模糊概念数据库模型中具有代表性的模糊EER(extended entity-relationship)模型和模糊UML类图模型作为模糊OWL 2再工程的目标模型；对于后者，选取模糊逻辑数据库模型中具有代表性的模糊关系数据库和模糊面向对象数据库模型作为模糊OWL 2再工程的目标模型。本书的主要研究内容和贡献包括以下五个方面。

其一，提出基于模糊EER模型的模糊OWL 2本体再工程方法，为模糊本体基于EER模型的重用与集成提供基础技术支持。首先，给出模糊EER模型的形式化定义；然后，给出将模糊OWL 2本体及实例转化为模糊EER模型的形式化方法；最后，通过实例分析和理论证明，表明所提出的方法是合理的和可行的。

其二，提出基于模糊UML类图模型的模糊OWL 2本体再工程方法，为模糊本体基于UML类图模型的重用与集成提供基础技术支持。首先，分析UML类图模型的结构，结合模糊集和可能性理论给出模糊UML类图模型的形式化定义及语义解释；在此基础上，给出将模糊OWL 2本体及实例转化为模糊UML类图模型的形式化方法；最后，给出一个转换例子，说明所提出的方法，并证明转换方法的正确性。

其三，提出将模糊OWL 2本体转换成模糊关系数据库的映射方法，为大规模模糊本体基于关系数据库的持久化储存提供支持。首先，给出基于模糊关系数据库的模糊本体存储结构；在此基础上，给出模糊OWL 2本体到模糊关系数据库映射的形式化方法；最后，通过实例分析和理论证明，表明所提出的形式化映射方法是合理的和可行的。

其四，提出将模糊OWL 2本体转换成模糊面向对象数据库的映射方法，为大规模模糊本体基于面向对象数据库的持久化储存提供支持。首先，给出模糊面向对象数据库模型的形式化定义；在此基础上，给出模糊OWL 2本体到模糊面向对象数据库模型的转换规则；最后，通过转换例子说明转换过程，并证明转换方法的正确性。

其五，提出将模糊OWL 2本体转换成模糊嵌套关系数据库的映射方法，为大规模复杂模糊本体基于嵌套关系数据库的持久化储存提供支持。首先，在模糊嵌套关系数据库的形式化定义基础上，提出了模糊OWL 2本体到模糊面向对象数据库模型转换的形式化方法；然后，给出该方法的相应转换实例和正确性证明。

通过以上内容建立起了一个较为完整的基于数据库的模糊本体再工程的理论框架，为语义Web和数据库之间语义互操作奠定了坚实的理论基础，同时，为本体再工程的实现提供了有效的技术支持。本书得到宁夏重点研发项目“面向民族地区群体性事件监测的跨时空数据处理关键技术研究”（项目编号：2019BE04032）、国家自然科学基金地区项目（项目编号：61962001）和宁夏回族自治区电子科学与技术双一流学科建设经费的资助。

目 录

第1章 绪 论

本体作为语义Web的知识表示模型，能够形式化定义领域内共同认可的知识，处于语义Web体系结构中的核心地位。随着语义Web的深入研究和本体的广泛使用，大量的本体通过手动、半自动或全自动的方式构建出来，而本体再工程问题成为实现本体管理的重要内容之一。然而，在现实世界中存在大量的不精确和不确定信息，为了表达这样的模糊信息，很多研究者提出了模糊本体模型，由此，也出现了与模糊本体管理密切相关的技术研究，包括模糊本体再工程、持久化等。尤其是模糊数据库作为实现领域模糊信息表示与处理的主要形式，模糊数据库技术经过多年的研究与发展，在模糊数据表示和处理方面已经取得了一定的成果，这就为模糊本体再工程到模糊数据库模型提供了基础。本书从满足模糊本体管理的需要出发，利用本体再工程的方法实现模糊本体到模糊数据库模型的转换。

本章简述经典本体和模糊本体再工程的相关研究背景，详细介绍国内外的相关研究现状，分析目前研究中需解决的问题，概括本书的研究意义和主要的研究内容，并给出本书的章节组织结构。

1.1 研究背景与动机

20世纪90年代初，Tim Berners-Lee创建了万维网(world wide web，简称

Web）。Web极大地改变了人类利用信息的形式，改变了信息的保存、组织、传播和检索的方式，并且已经影响到人类生产、生活的方方面面，万维网已经成为人类生活不可或缺的信息库。随着Web上信息量的急剧膨胀，当前，Web技术在机器自动处理Web数据方面能力不足的问题开始呈现出来，面对海量的Web知识无法有效利用。针对这方面的问题，Tim Berners-Lee于2000年提出了下一代Web的概念——语义Web[1]。

语义Web被看作当前万维网的一个扩展，它允许计算机基于Web内容的含义进行智能的搜索、组合和处理，当万维网上的信息被赋予了语义，便有利于计算机与人之间协同工作。语义Web的目标是让万维网上的信息能够被机器理解，从而解决机器和人类之间的沟通交流问题。随着对语义Web研究的深入，语义Web的体系结构也在不断演变，如图1.1所示是W3C（world wide web consortium，万维网联盟）给出的最新语义Web体系结构。

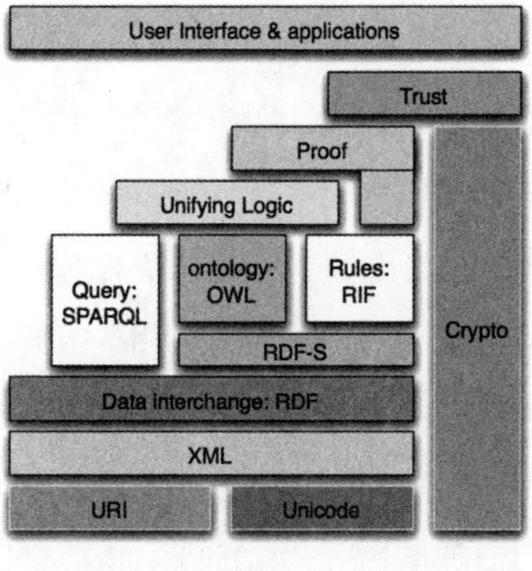

图1.1　语义Web体系结构

根据图1.1，可将语义Web体系结构分为基础层、句法层、资源描述框架RDF层、本体层、逻辑层等[2-3]。基础层包括统一资源标识符URI（uniform resource identifier)和统一字符编码Unicode，用于标识资源和处理资源的编码。句法层的核心是可扩展的标记语言XML(extensible markup language)及其相关规范，用于描述资源的结构和内容，它为Web上结构化信息的交换提供统一格式。资源描述框架(resources description framework，RDF)层是用来描述Web上资源信息的通用框架，是Web资源及资源之间关系的数据模型，用来弥补XML描述资源语义信息的不足。中间核心层是本体层，包括RDF词汇描述语言(RDF schema，RDFS)、本体(ontology)、规则(rules)及查询语言SPARQL(simple protocol and RDF query language)，它们共同用于描述各种资源及资源之间的关系并提供查询功能，该层是语义Web知识表示的基础。在本体层中，RDFS定义了RDF可以使用的词汇表(如类和属性等)，并将其组织为层次结构，这样，RDFS初步具备了本体的特征。由于RDFS表达能力有限，本体层还包括了以OWL形式表示的语义Web本体，它通过与规则联合使用，进一步丰富了语义Web的知识表达能力。本体层中的SPARQL是W3C推荐的一种RDF标准查询语言。语义Web体系结构中的第五层是逻辑层，主要用于提供公理和推理规则，是语义Web实现推理的逻辑基础。除了上述五层之外，还包括证明层(proof)、信任层(trust)，以及相关的加密(crypto)、用户接口和应用(user interface & applications)等组成部分。

本体作为语义Web体系中的核心，能够形式化地定义领域内共同认可的知识，是描述语义Web中语义知识的重要手段，已被广泛应用于人工智能、生物医学、信息集成、知识管理等方面[4-7]。随着语义Web的深入研究和本体的广泛使用，大量的本体通过手动、半自动或全自动的方式构建出来，本体和本体工程在知识工程及很多应用领域受到越来越广泛的关注。需要指出的是，在本体工程框架下，将本体模型转换成其他模型是实现本体管理的重要途径，这一过程被称为本体“再工程”(也称逆向工程)[8-9]。利用数据库比较成熟的数据管理技术及丰富的产品支持，基于数据库模型支持的本体再工程成为实现本体管理的一项重要内容。其中，本体模型到概念数据模型的转换服务于本体的重用和集成，而本体模型到逻辑数据库模型的转换服务于大规模本体的持久化。为此，许多研究者提出了不同种类的本体再工程方法[10-12]。

现实世界存在大量的不精确和不确定的信息，日常生活中常常使用一些没有明确界限的模糊概念(如高工资、老年人、中青年科学家等)和模糊关系(如和谐、敌对、喜欢等)。为了表示和处理模糊数据，很多研究工作已经致力于将模糊集理论[13-14]引入传统的数据库模型中，提出了不同类型的模糊数据模型(如模糊EER模型、模糊UML模型、模糊关系数据库模型、模糊面向对象数据库模型等)[15-17]。近年来，随着本体技术的快速发展和广泛使用，很多研究工作开始致力于基于本体的模糊知识表示与推理的研究，模糊本体的理论框架已初步形成(详见综述文献［18-20］)。特别是围绕着模糊本体的构造，研究工作提出了基于不同数据模型构建模糊本体的方法[21-25]。需要指出的是，与传统本体相似，模糊本体也需要再工程的处理，特别是模糊本体基于数据库模型的再工程，将有助于实现模糊本体的重用与集成及大规模模糊本体的持久化。其中，针对模糊本体的重用与集成，可将模糊本体模型转换成概念数据模型，之后，利用概念数据模型高度抽象及图形化表示等方面的优势，实现模糊本体在概念模型的集成与重用。而针对模糊本体的持久化，可将模糊本体模型转换成逻辑数据库模型，利用数据库系统成熟的技术和管理大规模数据的能力，实现模糊本体基于数据库的存储。

由于模糊本体与传统本体具有不同的结构和不同的表达能力，特别是模糊本体再工程后形成的数据模型需要表示模糊信息，因此，现有基于经典数据库模型的传统本体再工程方法无法用于模糊本体的再工程。模糊本体再工程的实现需要模糊数据库模型的支持，需要根据模糊本体模型与模糊数据库模型的结构特点和语义特点，开发出相应的模型转换方法。当前，模糊本体的研究已经取得了长足的发展，但是有关模糊本体再工程到模糊数据库模型的研究还少有研究成果发表。模糊数据库是实现现实世界中模糊数据表示与处理的主要形式，模糊数据库技术经过多年的研究，在模糊数据表示和处理方面已经取得了丰硕的研究成果，并且模糊本体研究经过近些年的快速发展也已积累了大量的研究成果，这就为实现模糊本体再工程到模糊数据库模型提供了基础。

总之，模糊本体再工程是模糊本体工程领域一个重要的研究内容，随着模糊本体研究工作的不断发展，实现基于数据库支持的模糊本体再工程正在成为一个不可忽视且具有挑战性的任务。

1.2　国内外相关研究的现状与分析

与本书研究内容密切相关的研究工作主要集中在三个方面：经典本体再工程研究、模糊本体研究和模糊数据库研究。

1.2.1　经典本体再工程研究

在本体工程框架下，本体再工程是实现本体管理的重要内容之一。尤其是，基于数据库成熟的数据管理技术，数据库支持的本体再工程技术成为实现本体管理的重要途径。其中，本体模型再工程到概念数据库模型将服务于本体的重用和集成，而本体模型再工程到逻辑数据库模型将服务于大规模本体的持久化。为此，许多学者从不同角度研究了与本体再工程相关的技术方法，主要包括基于概念数据模型的本体再工程方法、基于逻辑数据库模型的本体再工程方法，以及其他与本体再工程相关的技术方法。

(1)基于概念数据模型的本体再工程方法

文献［9］提出了本体再工程的概念，本体再工程是将一个现有的或者实际存在的本体模型转换成新的、更加完整的概念模型的过程。在该过程中，通过分析一个系统的部件和关系，将模型从一种描述方式转换到另一种抽象的方式，同时，要保留原系统的功能和语义，并且要检测是否有知识遗漏，进而输出可行性的概念模型。

文献［26］给出了从OWL本体概念模型转换为一个ER/EER模型形式化方法，实现了在数据库技术对OWL本体数据的管理。为了实现本体模型和UML模型之间的转换，首先要比较OWL本体模型和UML模型具有的特性和功能[27]，之后才可以实现两个模型之间的转换[28]。文献［29］提出了再工程方法从描述Web应用程序的概念模式的领域本体中提取UML数据模型，该方法比常规方式创建概念数据模型更快、更容易，且错误更少。文献［30］提出了UML模型再工程的概念和应用。

(2)基于逻辑数据库模型的本体再工程方法

文献［31］给出一个从本体到关系数据库的映射算法，实现了基于关系数据库的本体再工程，进而实现了本体的持久化管理。文献［32–33］针对本体中的类、属性及属性约束等特点，给出了本体在关系数据库中的映射规则。文献［34］在分析了利用关系数据库实现本体再工程的优势之后，给出了本体在关系数据库中的转换模式，并实现了一个用于本体持久化和推理的原型系统。文献［35–36］提出了基于关系数据库的本体再工程的方法，实现了本体的持久化存储。文献［37］研究了如何将一个特定领域(即产品配置系统)中的本体转化为关系数据库，进而利用本体再工程方法实现领域信息的查询和持久化处理。文献［38］提出了将本体保存到面向对象数据库的形式化方法。

(3) 其他与本体再工程相关的技术方法

文献［39］提出了将给定领域本体构建为相应的概念模型，之后将这种生成的概念数据模型发展成一个集大量数据和信息源的全局概念模型，同时，将该方法应用于BWW(bunge-wand-weber)本体的转换。文献［40］提出了生物基因本体再工程的方法，对已有的基因本体再工程可以帮助挑选对疾病起关键作用的基因集，并研究其潜在的相互联系和阐明隐藏的基因调控机制，通过本体词汇表的内部结构，将基因的功能相关性逆转到特定的细胞上，有助于确定基因中起关键作用的基因和其优先顺序。文献［41］利用实证方法研究本体再工程的主要因素，并通过文献研究和软件维护验证了变量之间的关系。为了解决语义Web服务本体需要人为选择的问题，文献［42］基于WSDL(web service language description)利用再工程技术创建WSMO(web service modeling ontology)规范的服务本体，并给出WSDL2WSMO系统来验证其方法的合理性。此外，文献［43-49］从模块化和本体划分的角度，研究了本体再工程和重用技术，实现了对本体知识的管理。文献［50-53］研究了本体再工程技术在飞行器和化学等不同应用领域的应用。

1.2.2　模糊本体研究

经典本体无法表示和处理现实世界中广泛存在的不精确和不确定信息，研究如何扩展本体实现模糊知识的表示与推理成为语义Web领域一个重要的研究方向。为此，许多研究工作提出了不同形式的模糊本体定义，文献［54-55］对本体语言OWL进行了模糊化扩展，提出了一种模糊本体的形式化定义，并介绍了模糊本体在KAON项目中的表示问题。文献［56］将模糊逻辑引入到本体定义中，提出了面向语义Web的模糊本体定义，该定义没有考虑本体的实例信息。文献［57］研究了本体的模糊化扩展问题，并将模糊本体应用到信息检索领域中。文献［58］基于模糊集合理论与图论对经典本体进行了模糊化扩展，提出了一种模糊本体映射方法FOM。

文献［59-60］基于模糊描述逻辑，对本体语言OWL进行了模糊化扩展，定义了模糊OWL的语法和语义，并给出了从OWL到模糊OWL语言的转换规则。文献［61-62］基于模糊描述逻辑研究了如何扩展本体语言OWL DL，给出了扩展OWL DL的语法和语义，并通过实例说明了其扩展在表达能力上的灵活性。文献［63-64］给出了模糊OWL的抽象语法表示形式及相应的语义，并研究了模糊OWL本体的推理问题。针对本体的模糊扩展问题，许多研究者提出了模糊本体的概念，同时，出现了本体语言OWL和最新标准OWL 2的模糊扩展形式[65-66]。

更详细的模糊本体综述(包括各种形式的模糊本体定义及模糊本体的抽取和应用问题等)可参见文献［20］。

1.2.3 模糊数据库研究

为了表示和处理现实世界中存在的大量不精确和不确定信息，许多研究者将模糊集理论[13-14]引入到传统的数据模型中，进一步提出了不同类型的模糊数据模型。例如，模糊概念数据模型中较为典型的模糊ER/EER模型[67-74]和模糊UML数据模型[22, 75-77]、模糊逻辑数据库模型中较为典型的模糊关系数据库模型[78-84]和模糊面向对象数据库模型[24, 85-102]。

针对如何在概念层上实现对模糊信息的建模和处理，研究者们对传统ER/EER模型和UML模型等进行了模糊化扩展。Peter Chen[103]最先把模糊逻辑引入到ER模型(即实体－关系模型)中，提出了相应的模糊ER模型。为了进一步扩展模糊ER模型的表达能力，在模糊ER模型基本概念(如实体和关系)的基础之上，研究者通过扩展继承和范畴等概念，提出了模糊EER模型[67-74]。进一步地，UML[104]作为Object Management Group(OMG)标准化的面向对象建模语言，已经越来越多地被用于数据建模。为了使UML能够建模和处理模糊信息，文献［75］从建模的角度，讨论了UML模型中主要概念(如类、继承、聚合、关联及依赖)的模糊化扩展形式。文献［22］、［76-77］也研究了UML模型的模糊化扩展问题。上面提到的概念数据模型主要用于逻辑数据库模型的设计，数据的存储和处理需要逻辑数据库模型的支持。针对逻辑数据库模型的模糊化扩展问题，已有许多致力于模糊关系数据库和模糊面向对象数据库的研究工作。文献［81-82］提出一种基于属性域上相似和近似关系的模糊关系数据库模型；文献［83］提出一种基于可能性分布作为属性值的模糊关系数据库模型；文献［78-79］详细介绍了几种主要的模糊关系数据库模型。此外，为了表示和处理许多领域(如多媒体和CAD/CAM)中广泛存在的含模糊信息的复杂对象及对象间复杂的语义关系等，一些研究工作也对面向对象数据库模型的模糊化扩展问题进行了研究，提出了几种模糊面向对象数据库模型[24, 85-102]。文献［85］详细讨论了有关模糊面向对象数据库模型的相关内容，包括模糊对象、模糊类、模糊对象-类、子类/超类的定义，同时，结合实例对所提模型进行了详细说明。文献［90，94］详细研究了模糊面向对象数据库的实现问题，提出了智能模糊面向对象数据库框架和系统。有关模糊概念数据模型和模糊逻辑数据库模型的详细介绍可参见综述文献［15，17］。

然而，尽管当前模糊数据库模型和模糊本体的研究已经取得了长足的发展，但是经典本体相应的再工程技术却无法实现从模糊本体到模糊数据模型的再工程，目前，有关模糊本体再工程到模糊数据模型的研究还很少。文献［105-106］以模糊本体知识持久化存储为目的，简单讨论了模糊本体在模糊关系数据库中的再工程问题，通过对模糊关系数据库中的模糊数据类型进行分类，给出了模糊本体在模糊关系数据库中的存储模式。因此，有关模糊数据库模型支持的模糊本体再工程技术方法有待于进行深入和系统的研究，相关方面的研究成果将为模糊本体再工程到模糊数据模型提供基础，进而为模糊本体知识管理的实现奠定坚实的理论基础。

1.3 本书研究意义及研究内容

根据前文讨论和分析，本书对模糊数据库模型支持的模糊本体再工程问题展开深入研究。下面首先介绍本书的研究意义，然后介绍本书的研究内容，最后给出本书的组织结构。

1.3.1 研究意义

前文从经典本体再工程技术、模糊数据库模型、模糊本体及基于模糊数据库模型支持的模糊本体再工程等几个方面，对国内外的相关研究现状进行了介绍和分析。从中发现，数据库模型已经被用于经典本体的再工程，并且为了实现对模糊信息的管理，研究者们做了大量致力于模糊数据库模型的研究工作，同时，为了在语义Web中表示和处理模糊知识，本体的模糊扩展问题也吸引了一大批国内外学者对模糊本体知识管理相关技术展开深入研究。但是，从模糊本体再工程的角度来看，有关模糊数据库模型支持的模糊本体再工程研究工作还非常少，主要体现在以下两方面。

①有关基于模糊关系数据库支持的模糊本体再工程研究工作有待深入和进一步完善，已有工作仅仅考虑了模糊本体的少量构造子，尚未考虑模糊本体中一些主要构造子(尤其是模糊OWL 2新增加的构造子)，也缺少有关模糊关系数据库支持的模糊本体再工程技术的完整框架。

②有关从模糊本体再工程到模糊概念数据模型(如模糊EER模型与模糊UML类图模型)，以及模糊本体再工程到模糊面向对象数据库模型的研究工作仍然属于空白。

因此，研究模糊数据库支持的模糊本体再工程问题将有助于实现模糊本体知识的有效管理。为此，本书从满足模糊本体管理的需要出发，对模糊数据库模型支持的模糊本体再工程方法展开深入研究。本书不仅为模糊本体工程框架下的模糊本体再工程问题提供技术上的解决方案，更为语义Web模糊知识管理的实现奠定坚实的理论基础。本书将丰富和发展语义Web现有的技术方法，促进语义Web在技术、实现及应用等方面的发展。

1.3.2　研究内容

根据上述研究现状，本书主要研究基于模糊概念和逻辑数据模型的模糊本体的再工程问题。在各类模糊数据模型中，模糊ER/EER模型和模糊UML数据模型是模糊概念数据模型中的重要模型形式，它们能够在较高数据抽象级别上表示现实世界的模糊状态；模糊关系数据库模型和模糊面向对象数据库模型则是模糊逻辑数据库模型中的两种重要模型形式，它们为模糊数据的持久化存储和处理提供了相应的模型支持。为此，本书选取模糊EER模型、模糊UML类图模型、模糊关系数据库模型和模糊面向对象数据库模型作为模糊本体再工程的目标模型，详细研究几种典型模糊数据模型支持的模糊本体的再工程问题。

具体来讲，本书主要进行了以下四个方面的研究。

①提出了基于模糊EER模型的模糊OWL 2本体再工程的方法，为模糊本体基于EER模型的重用与集成提供基础技术支持。首先，给出了模糊EER模型的形式化定义；其次，给出了模糊本体元素和模糊EER模型对象的对应关系，在此基础上，给出了模糊OWL 2本体结构和实例到模糊EER模型的形式化转换方法；最后，通过实例分析和理论证明，表明所提出的形式化转化方法是合理的和可行的。

②提出基于模糊UML类图模型的模糊OWL 2本体再工程方法，为模糊本体基于UML类图模型的重用与集成提供基础技术支持。首先，分析UML类图模型的结构，结合模糊集和可能性理论给出模糊UML类图模型的形式化定义及语义解释；在此基础上，给出将模糊OWL 2本体(包括其结构和实例)转化为模糊UML类图模型的形式化方法；最后，给出一个转换例子，说明所提出的方法，并证明转换方法的正确性。

③提出将模糊OWL 2本体转换成模糊关系数据库的映射方法，为大规模模糊本体基于关系数据库的持久化储存提供支持。首先，给出基于模糊关系数据

库的模糊本体存储结构；在此基础上，给出了模糊OWL 2本体到模糊关系数据库映射的形式化方法；最后，通过实例分析和理论证明，表明所提出的形式化映射方法是合理的和可行的。

④提出将模糊OWL 2本体转换成模糊面向对象数据库的映射方法，为大规模模糊本体基于面向对象数据库的持久化储存提供支持。首先，给出模糊面向对象数据库模型的形式化定义；在此基础上，给出模糊OWL 2本体到模糊面向对象数据库模型的转换规则；最后，通过转换例子说明转换过程，并证明转换方法的正确性。

1.3.3 组织结构

根据上述研究内容，本书共分为8章，每一章的具体内容安排如下。

①第1章绪论。本章给出研究背景和研究动机，分析国内外相关工作的研究现状。在此基础上，提出了本书的主要工作和结构安排。

②第2章相关基础理论。本章介绍基础知识。首先，介绍了经典本体和经典本体再工程；然后，介绍了模糊集理论；最后，介绍模糊OWL 2本体。本章介绍的术语和定义，为后续章节的研究提供了必要的理论基础。

③第3章基于模糊EER模型的模糊OWL 2本体再工程。本章主要研究基于模糊EER模型的模糊本体再工程的形式化方法。首先，给出模糊EER模型的形式化定义；然后，在形式上给出模糊OWL 2本体模型到模糊EER结构转换方法，在此基础上，给出模糊OWL 2本体到模糊EER实例的形式化转换方法；最后，通过理论证明和实例分析，分别表明提出的转换方法是合理的和可行的。

④第4章基于模糊UML类图模型的模糊OWL 2本体再工程。本章主要研究基于模糊UML类图模型的模糊OWL 2本体再工程。首先，给出模糊UML类图模型的形式化定义，在此基础上，提出一种将模糊OWL 2本体(包括结构和

实例)转化为模糊UML类图的形式化方法；然后，给出一个转换例子来解释所提出的方法；最后，证明转换方法的正确性。

⑤第5章基于模糊关系数据库模型的模糊OWL 2本体再工程。本章主要研究基于模糊关系数据库模型的模糊OWL 2本体再工程的方法。首先，给出模糊关系数据库的形式化定义；然后，给出模糊OWL 2本体到模糊关系数据库形式化的转换方法；最后，通过使用理论证明和实例分析，表明该章提出的形式化转换方法是合理的和可行的。

⑥第6章基于模糊面向对象数据库模型的模糊OWL 2本体再工程。本章主要研究基于模糊面向对象数据库模型的模糊OWL 2本体再工程的方法。首先，给出面向对象数据库模型的形式化定义；然后，提出模糊OWL 2本体到面向对象数据库模型的转换规则，并详细说明其转换过程；最后，证明了该方法的正确性。

⑦第7章基于模糊嵌套关系数据库模型的模糊OWL 2本体再工程。本章主要研究基于嵌套关系数据模型（non-first normal form，简称NF2）的模糊OWL 2本体再工程。首先，介绍模糊嵌套关系数据库模型的形式化定义；然后，提出复杂模糊OWL 2本体到模糊嵌套关系数据库模型的映射方法和转换实例，最后；给出了该方法的合理性证明。

⑧第8章结束语。本章对全书所做的工作及贡献进行了总结，并对后续的研究工作进行了展望。

第2章　相关基础理论

本章介绍的相关基础理论。2.1节介绍本体相关知识；2.2节介绍模糊集的基本理论；2.3节介绍模糊OWL 2本体；2.4节为本章小结。

2.1　本体

本体的概念最初起源于哲学领域，表示“对世界上客观存在物的系统描述，即存在论”。20世纪60年代就被引用到计算机领域，表示概念化的明确的规范说明[107]，能够表示不同实体之间的属性和关系，在语义Web的层次结构中处于核心位置[108]，是语义Web的知识表示的标准。关于本体的定义，文献中给出了多种描述形式。

1993年，Gruber[107]给出的本体定义是“本体是概念模型的明确的规范说明”；Borst[109]在Gruber的基础上给出的本体定义是“本体是共享概念模型的形式化规范说明”；最具影响的是1998年Studer等人[110]给出的本体定义，本体被定义为“共享概念模型的明确的形式化规范说明”。该定义包括四层含义[111]，即“概念模型(conceptualization)”“明确(explicit)”“形式化(formal)”“共享(share)”，具体描述如下。

①概念模型。通过抽象出客观世界中的一些现象的相关概念而得到的模型，概念模型表现的含义独立于具体的环境状态。

②明确。概念和概念的约束都有明确的和无歧义的定义。

③形式化。本体能通过本体语言编码，使得计算机可读，并可以被计算机处理。

④共享。本体体现的是共同认可的知识，反映的是相关领域内公认的概念集。

本体的目标是捕获相关领域的共有知识，提供对该领域知识的共同理解，确定该领域共同认可的术语，并从不同层次的形式化模型上给出这些术语和术语间相互关系的明确定义，实现对领域知识的推理。从知识共享的角度来说，本体是通用意义的概念定义集合，是各种知识系统间交换知识的共同语言。具体来说，本体的作用主要体现在以下四个方面[112]。

①概念描述：通过形式化、抽象的方式描述领域知识，使得领域内的知识被表示成计算机可以处理的概念。

②语义标注：本体可以使用语义词典库表达丰富的语义信息，这些信息通过语义标注的形式被赋予本体中使用的概念。

③知识共享：本体作为领域知识的明确规范，体现的是共同认可的知识，反映的是相关领域中公认的概念集。

④推理支持：本体在概念描述上的确定性及其强大的语义揭示能力，保证了推理的有效性。

以上用文字的形式对本体定义进行了描述，但为了实现本体在计算机中的处理与使用，给出本体的形式化定义是十分必要的。当前，还没有一个被广泛接受的通用形式化定义，不同的研究者根据不同应用背景提出了很多形式化的本体定义，如二元组表示[113]、三元组表示[114]、五元组表示[115]、八元组表示[116]等。虽然研究者采用的本体形式化定义有所不同，但是这些定义在本质上均没有偏离上文中关于本体定义的文字描述。

总结上述本体的形式化表示，本书不失一般性地给出七元组[111]描述本体的形式化定义$O=(C,A^C,R,A^R,H,I,X)$。其中，C是概念的集合；A^C是概念属性的集合；R是关系的集合；A^R是关系属性的集合；H表示层次关系；I是实例集合；X是公理集合。

①C：概念的集合。概念也被称为类，从语义上讲，它是对现实世界中个体的抽象，表示的是个体的集合，其定义一般包括概念的名称，以及对该概念的自然语言描述。

②A^C：概念的属性。如果c_i是C中的一个概念，那么它的属性可表示为A^C（c_i）。概念间之所以有差异正是由于它们有着不同的属性对应着不同的个体集合。而概念的属性集合又被称为概念的内涵，而它所对应的个体集合为概念的外延。

③R：关系的集合。一个关系通常包括定义域和值域两部分，这两个部分限定了关系所使用的范围。在本体中，关系的定义域通常是一个概念，而值域既可以是概念，也可以是具体的取值(如字符串或整数等)。当值域为具体的取值时，关系便退化为属性，也可以说，属性是一种特殊的关系。如果只考虑关系的值域为概念的情况，关系集合R中的每个关系$r_j(c_m, c_n)$表示概念c_m和c_n间的二元关系。

④A^R：关系的属性集合。关系的属性描述了关系的进一步限制，如表示身高的关系“Has-Height”，如果它的值域是实数，可以进一步通过属性规定其取值范围是0~3.0的实数。

⑤H：层次关系。层次可以定义在概念、属性和关系上。例如，在概念上的层次有Kind-of或Is-a，表示Superclass-Subclass关系，$(c_m, c_n) \in \mathrm{H}$表示$c_m$是$c_n$的超类。

⑥I：实例集合。一个实例是现实世界中具有的唯一个体，它对应着本体中的一个或者多个概念，具有概念描述的属性和具体的属性值。一方面由于现实世界中的个体可能无法穷尽其数量，另一方面，新的个体会不断产生且原有的个体也会不断消亡，所以实例相对于本体的其他组成成分来说是动态的。本

体的建模活动中一般不考虑实例或者只考虑少数重要的实例，但当本体和实际应用相结合的时候，需要将特定领域内的个体作为实例添加进来。

⑦X：公理集合。公理集合X中的每条公理代表领域知识中的永真断言。例如，关系Serving和Served-by是互逆的；声明People和Animal是不相交的；等等。

2.2　模糊集的基本理论

在经典集合理论中，论域中的数据要么属于一个给定集合，要么不属于此集合，即非此即彼。然而，在现实生活中，很多概念没有明确、清晰的界限，如年轻人、便宜商品等。为了表示和处理现实世界中广泛存在的不精确和不确定信息，Zadeh于1965年提出了模糊集理论[13]，模糊集已被广泛应用于表示和处理不精确与不确定信息。

2.2.1　信息的不精确性和不确定性

在现实世界中，信息通常具有非完整性(imperfectness)的特点[117-119]，信息的非完整性主要表现在信息的不一致性(inconsistency)、不精确性(imprecision)、含糊性(vagueness)、不确定性(uncertainty)和不明确性(ambiguity)五个方面，它们各自的含义如下。

①信息的不一致性。是指某个数据源被不一致地表示多次或者多个数据库中被不一致地表示多次而产生了语义冲突。例如，某条河流的长度被同时记录为1020 km和1050 km。

②信息的不精确性。是指属性的取值从一个给定的范围(区间或集合)里选择一个值，但是当前不知道选择哪一个。例如，某品牌型号的汽车在给定条件下100~0 km/h的刹车距离为集合{38.32 m，39.32 m，40.38 m，41.50 m，42.00 m}中的一个值。

③信息的含糊性。其与不精确信息相类似，是指含糊信息通常被表示为语言值。例如，某品牌型号的汽车性能为一个语言常量“优秀”。

④信息的不确定性。其与属性取值的真值度相关，是指对一个或一组给定的值分配置信程度。例如，某型号汽车的厂家指导价为15万元的可能性是0.92。

⑤信息的不明确性。表示的是信息缺乏完全的语义，导致了多种可能的解释。

通常情况下，信息可能同时存在几种类型的非完整性，例如，某型号汽车在给定条件下100~0 km/h的刹车距离为集合{38.32 m，39.32 m，40.38 m，41.50 m，42.00 m}中的一个值，并且各个值为真的可能性分别是0.68，0.76，0.85，0.90，0.96。信息的不精确性和不确定性是非完整性信息的两种主要形式[119]，而为了表示和处理信息的不精确性和不确定性，研究者们提出了多种表示方法(详见文献［117-119］)。

1965年，美国加州大学伯克利分校Zadeh教授提出了模糊集理论[13]用以表示和处理不精确和不确定信息。在模糊集理论的基础上，Zadeh教授于1978年进一步提出了可能性理论[14]，从而为模糊理论建立了一个实际应用上的理论框架，可能性理论现已成为研究模糊语言和模糊逻辑等的一种重要工具。

2.2.2 模糊集与可能性分布

在经典集合论中，论域中的元素与论域上定义的集合之间存在着明确的隶属关系，要么属于，要么不属于，不可能出现模棱两可的情况。集合的表示方法主要有列举法、描述法和特征函数法，使用最为广泛的是特征函数法(characteristic function)。

设论域U为自然数集，映射为

$$C_A：U \to \{0, 1\}$$

$$u \to C_A(u)$$

其中

$$C_A(u)=\begin{cases}1 & u \in A \quad （即u=1，2，3，\cdots）\\ 0 & u \in A \quad （即u \neq 1，2，3，\cdots）\end{cases}$$

给定论域U上的一个子集，就等于给定了特征函数，反之亦然。因此，特征函数与集合之间有一一对应关系。

在模糊集理论中，元素与模糊集合之间的隶属关系需要使用隶属度来衡量其隶属程度，下面给出模糊集的形式化定义。

定义2.1（模糊集）　设在论域U上给定一个映射，对于任意$u \in U$，有

$$F：U \to [0，1]$$

$$u| \to \mu_F(u)$$

这里，F称为U上的模糊集，$\mu_F(u)$称为F的隶属函数［简记为$F(u)$］。

隶属函数将每个元素$u \in U$映射为一个介于0到1之间的数，表示元素u属于模糊集合F的程度。例如，某型号的汽车属于中型车这个模糊集合的隶属度为0.86，也可以写成mid-size(c_i)= 0.86。其中，mid-size表示中型汽车，c_i表示某型号汽车。需要说明的是，若$\mu_F(u)$的值越接近0，则元素u属于模糊集合F的程度越低；而$\mu_F(u)$的值越接近1，则元素u属于模糊集合F的程度越高。当$\mu_F(u)$等于0或1时，模糊集退化为经典集合。隶属度也称作成员度，相应的隶属函数也称作成员函数或成员度函数。

实际上，隶属度函数$\mu_F(u)$也可以解释成一个变量X值为u的可能性度量，这里X取U中的值，此时，一个模糊值可以用一个可能性分布μ_X来表示[14]：

$$\pi_X=\{\pi_X(u_1)/u_1，\pi_X(u_2)/u_2，\ldots，\pi_X(u_n)/u_n\}$$

其中，对于任意的$u_i \in U$，$\pi_X(u_i)$表示u_i为真的可能性。一个模糊集是一个概念的表示，而可能性分布与分布内一个值出现的可能性相关联。设π_X和F分别是一个模糊值可能性分布表示和模糊集表示，则π_X和F可看作等同的，

即$\pi_X = F$[14]。这样，借助于模糊集和可能性分布，U上的一个模糊值可以用一个模糊集或一个可能性分布表示。

类似于上述模糊集中隶属函数的定义方法，使用特征函数法可以定义笛卡儿坐标系$U \times V$上的模糊关系。

定义2.2（模糊关系） 设R为$U \times V$上的模糊集合，其隶属函数确定了U中元素u与V中元素v之间关联的程度，则称R为$U \times V$上的模糊二元关系。

$$R: U \times V \to [0, 1]$$

$$(u, v) \mapsto R(u, v)$$

由上文给出的模糊集定义可知，模糊集是经典集合的推广，因此，经典集合的一些运算操作也可以相应地扩展到模糊集合中。为了实现对模糊集的操作，下面给出模糊集的几个集合运算操作，其中包括交(intersection)、并(union)和补(complementation)。

定义2.3（模糊集运算） 设A和B分别为同一个论域U中的两个模糊集，它们的隶属函数分别为μ_A和μ_B。设模糊集A和B的交、并和补分别表示为$A \cap B$、$A \cup B$和A^c，其运算的结果仍然是论域U上的模糊集，各自的隶属函数分别为$\mu_{A\cap B}$: $U \to [0, 1]$，$\mu_{A\cup B}$: $U \to [0, 1]$ 和μ_{A^c}: $U \to [0, 1]$，并定义如下。

①对于$A \cap B$：$\mu_{A\cap B}(u) = \min(\mu_A(u), \mu_B(u))$，$\forall u \in U$；

②对于$A \cup B$：$\mu_{A\cup B}(u) = \max(\mu_A(u), \mu_B(u))$，$\forall u \in U$；

③对于A^c：$\mu_{A^c}(u) = 1 - \mu_A(u)$，$\forall u \in U$。

设A，B，C为论域U上的模糊集，$\varnothing$为论域U上的空模糊集，则模糊集的交、并、补运算具有如下基本性质。

- 交换律：$A \cup B = B \cup A$，$A \cap B = B \cap A$；
- 结合律：$(A \cup B) \cup C = A \cup (B \cup C)$，$(A \cap B) \cap C = A \cap (B \cap C)$；
- 分配律：$(A \cup B) \cap C = (A \cap C) \cup (B \cap C)$，

$(A\cap B)\cup C=(A\cup C)\cap(B\cup C)$；

- 吸收律：$(A\cup B)\cap A=A$，$(A\cap B)\cup A=A$；
- 幂等律：$A\cup A=A$，$A\cap A=A$；
- 零－壹律：$A\cup\varnothing=A$，$A\cap\varnothing=\varnothing$，$A\cup U=U$，$A\cap U=A$；
- 复原律：$(A^c)^c=A$；
- 对偶律：$(A\cup B)^c=A^c\cap B^c$，$(A\cap B)^c=A^c\cup B^c$。

与普通集合不同的是，模糊集合不再满足互补律，即$A\cup A^c=U$和$A\cap A^c=\varnothing$一般不再成立。这一事实表明模糊集合不再具有“非此即彼”或“非真即伪”的分明性。因此，模糊集更适于表示现实世界中存在的模糊现象。

上文介绍了与本书研究内容密切相关的模糊集的一些基本概念及模糊集的几个集合运算操作，有关模糊集的其他概念(如支集、核集、截集等)和操作(如模糊集上的算术操作和关系操作等)可参见文献［13-14］，这里不再详述。

2.3　模糊OWL 2本体

经典本体不适合于描述和处理模糊信息，在现实生活中信息往往包含不精确和不确定性的内容，以经典描述逻辑为基础的本体模型无法表示和处理模糊知识。为了使本体模型能够表示和处理模糊知识，很多研究工作利用模糊集理论对本体进行模糊化扩展，进而产生了一种新的知识表示模型——模糊本体模型[121]。由于模糊本体是经典本体与模糊集理论结合的产物，它在继承经典本体所有特征的基础上，扩展了模糊信息的描述和处理能力。与经典本体相比，模糊本体的模糊性主要体现在以下四个方面。

①属性值的模糊性。表示概念特征的属性的值域是模糊的，主要体现在属于概念的实例的属性值是模糊值。例如，某汽车(实例)的行驶速度(属性)是很快的(模糊值)。

②概念的模糊性。概念中包含模糊属性，导致了概念边界的模糊性。例

如，豪华汽车这一模糊概念因包含模糊属性“配置高”而导致概念边界的模糊性。

③概念与实例之间的模糊隶属关系。实例的属性值与模糊概念的属性之间的隶属度。例如，某个型号的汽车刹车距离在某一数值范围，它与模糊概念“豪华汽车”之间的隶属关系只能用0~1的小数来标识。

④概念之间关系的模糊性。概念边界的模糊性很可能导致概念与概念之间的关系也是模糊的。例如，两个模糊概念(豪华型汽车与大型汽车)之间的关系。

在经典本体形式化定义的基础上，许多研究者提出了多种形式化的模糊本体定义(文献［23］给出了模糊本体的17种形式化定义)。概括来讲，一个模糊本体可用$O=(I, C, P, R, A)$表示，主要包括了以下几种成分。

①I表示个体实例集合。实例是模糊概念的具体化表示，它们之间是隶属关系，因此，需要使用成员函数来计算实例属于模糊概念的隶属度。

②C表示模糊概念集合。每个模糊概念$c \in C$都是一个定义在个体集合I上的模糊集合，即$c: I \rightarrow [0, 1]$。

③P表示属性集合。属性是组建模糊概念的基本单元，每个属性$p \in P$都依附于模糊概念而存在，用于表示模糊概念的某方面特征。

④R表示模糊关系集合。每个模糊关系$r \in R$都是一个二元关系，即r: $C^2 \rightarrow [0, 1]$。根据模糊关系的连接对象，可以将其分成两大类——概念与概念之间的模糊关系和概念与实例之间的模糊关系。每个模糊关系$r \in R$都带有一个表示关系强度的隶属度值。

⑤A表示公理集合。该集合中的公理和断言可分成三类，包括用于表示模糊概念之间关系的模糊概念公理、用于表示属性的特性和约束的属性公理，以及用于表示实例的实例公理。

OWL(web ontology language)[120]是万维网联盟W3C推荐的标准本体描述语言，对于模糊本体许多研究者又进一步提出了表示模糊本体的描述语言，即模糊OWL(*f*-OWL)[59-63]。关于模糊本体语言*f*-OWL的语法和语义，与模糊描述逻辑和经典描述逻辑之间的关系类似。

从语法角度来看，*f*-OWL语法和经典OWL语法基本相同，仅仅在个体公理表示形式上有所差别，即*f*-OWL语法中的个体公理增加了隶属度。具体如图2.1所示，其中a_i为抽象个体，v_i为具体个体，C为概念，R_i为抽象角色，T_i为具体角色，m_i，k_i，$l_i \in [0,1]$为隶属度，$\bowtie \in \{\geqslant, >, \leqslant, <\}$。

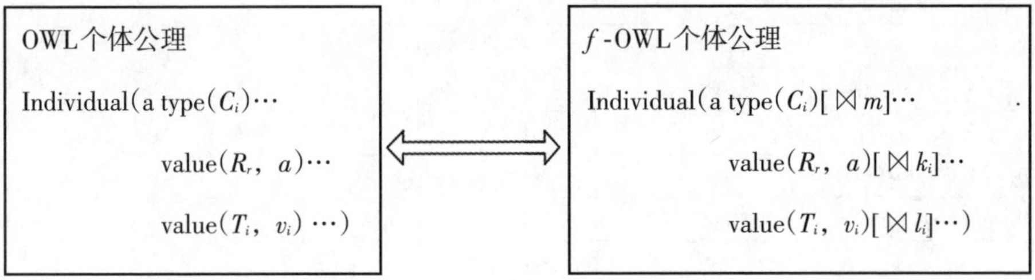

图2.1　*f*-OWL与OWL语法中个体公理的表示形式

从语义角度来看，*f*-OWL的语义基于模糊集合的语义给出，而OWL的语义基于精确集合语义给出，这一点也是*f*-OWL与OWL最本质的区别。具体地，*f*-OWL的语义是根据模糊描述逻辑*f*-SHOIN(D) [63] 的语义解释给出的，即由模糊解释$\Phi I=(\Delta^{\Phi I}, \Delta_\Delta, \bullet^{\Phi I}, \bullet^{\Delta})$给出。

由于初始版本OWL自身的一些不足，W3C基于OWL进一步提出OWL 2本体语言 [122-127]。OWL 2增强了表达能力和元建模能力，以及对数据类型的扩展支持，特别是扩展注释能力。此外，为了表示和处理模糊信息，研究者们基于Zadeh模糊集理论 [13-14] 对OWL 2语言也进行了模糊扩展，进而形成了模糊OWL 2描述语言 [65]，模糊OWL 2的语义是根据模糊描述逻辑*f*-SROIQ(D)给出的 [66]。有关模糊OWL 2抽象语法和相应的语义解释如表2.1所列。

表2.1　模糊OWL 2本体抽象语法和语义解释

模糊 OWL 抽象语法	解释
模糊类描述	
Class(FC)	$FC^{FI} \subseteq \Delta^{FI}$
owl:Thing	$(\text{owl:Thing})^{FC} = \Delta^{FI}$
owl:Nothing	$(\text{owl:Nothing})^{FC} = \varnothing$
Object Intersection Of($FCE_1, \cdots, FCE_n$)	$(FCE_1)^{FC} \cap \cdots \cap (FCE_n)^{FC}$
ObjectUnionOf($FCE_1, \cdots, FCE_n$)	$(FCE_1)^{FC} \cup \cdots \cup (FCE_n)^{FC}$
ObjectComplement Of(FCE)	$\Delta^{FI} \setminus (FCE)^{FC}$
ObjectOneOf($a_1, \cdots, a_n$)	$\{(a_1)^{FI}, \cdots, (a_n)^{FI}\}$
ObjectSomeValuesFrom($FOPE\ FCE$)	$\{x \mid \exists y : (x,y) \in (FOPE)^{FOP}$ and $y \in (FCE)F^{C}\}$
ObjectAllValuesFrom($FOPE\ FCE$)	$\{x \mid \forall y : (x,y) \in (FOPE)^{FOP}$ implies $y \in (FCE)^{FC}\}$
ObjectHasValue($FOPE\ a$)	$\{x \mid (x, (a)^{FI}) \in (FOPE)^{FOP}\}$
ObjectHasSelf($FOPE$)	$\{x \mid (x,x) \in (FOPE)^{FOP}\}$
ObjectMinCardinality($n\ FOPE$)	$\{x \mid \#\{y \mid (x,y) \in (FOPE)^{FOP}\} \geqslant n\}$
ObjectMaxCardinality($n\ FOPE$)	$\{x \mid \#\{y \mid (x,y) \in (FOPE)^{FOP}\} \leqslant n\}$
ObjectExactCardinality($n\ FOPE$)	$\{x \mid \#\{y \mid (x,y) \in (FOPE)^{FOP}$ and $y \in (FCE)^{FC}\} = n\}$
DataSomeValuesFrom($FDPE_1, \cdots, FDPE_n, FDR$)	$\{x \mid \exists y_1, \cdots, y_n : (x, y_k) \in (FDPE_k)^{FDP}$ for each $1 \leqslant k \leqslant n$ and $(y_1, \cdots, y_n) \in (FDR)^{FDT}\}$
DataAllValuesFrom($FDPE_1, \cdots, FDPE_n, FDR$)	$\{x \mid \forall y_1, \cdots, y_n : (x, y_k) \in (FDPE_k)^{FDP}$ for each $1 \leqslant k \leqslant n$ imply $(y_1, \cdots, y_n) \in (FDR)^{FDT}\}$
DataHasValue($FDPE\ lt$)	$\{x \mid (x, (lt)^{LT}) \in (FDPE)^{FDP}\}$
DataMinCardinality($n\ FDPE$)	$\{x \mid \#\{y \mid (x,y) \in (FDPE)^{FDP}\} \geqslant n\}$
DataMaxCardinality($n\ FDPE$)	$\{x \mid \#\{y \mid (x,y) \in (FDPE)^{FDP}\} \leqslant n\}$
DataExactCardinality($n\ FDPE$)	$\{x \mid \#\{y \mid (x,y) \in (FDPE)^{FDP}\} = n\}$
DataMinCardinality($n\ FDPE\ FDR$)	$\{x \mid \#\{y \mid (x,y) \in (FDPE)^{FDP}$ and $y \in (FDR)^{FDT}\} \geqslant n\}$
DataMaxCardinality($n\ FDPE\ FDR$)	$\{x \mid \#\{y \mid (x,y) \in (FDPE)^{FDP}$ and $y \in (FDR)^{FDT}\} \leqslant n\}$
DataExactCardinality($n\ FDPE\ FDR$)	$\{x \mid \#\{y \mid (x,y) \in (FDPE)^{FDP}$ and $y \in (FDR)^{FDT}\} = n\}$
模糊数据域描述	
DataIntersectionOf($FDR_1, \cdots, FDR_n$)	$(FDR_1)^{FDT} \cap \cdots \cap (FDR_n)^{FDT}$
DataUnionOf($FDR_1, \cdots, FDR_n$)	$(FDR_1)^{FDT} \cup \cdots \cup (FDR_n)^{FDT}$
DataComplementOf(FDR)	$(\Delta_{FDR})^{n} / (FDR)^{FDT}$ where n is the arity of FDR
DataOneOf($lt_1, \cdots, lt_n$)	$\{(lt_1)^{LT}, \cdots, (lt_n)^{LT}\}$
DatatypeRestriction($FDT\ F_1\ lt_1, \cdots, F_n\ lt_n$)	$(FDR)^{FDT} \cap (F_1, lt_1)^{FA} \cap \cdots \cap (F_n, lt_n)^{FA}$
模糊类公理	
Class(FCE $partial$ $FCE_1, \cdots, FCE_n$)	$(FCE)^{FC} \subseteq (FCE_1)^{FC} \cap \cdots \cap (FCE_n)^{FC}$
SubClassOf(FCE_1, FCE_2)	$(FCE_1)^{FC} \subseteq (FCE_2)^{FC}$
EquivalentClasses($FCE_1, \cdots, FCE_n$)	$(FCE_j)^{FC} = (FCE_k)^{FC}$ for each $1 \leqslant j < k \leqslant n$

表2.1（续）

模糊 OWL 抽象语法	解释
DisjointClasses($FCE_1, \cdots, FCE_n$)	$(FCE_j)^{FC} \cap (FCE_k)^{FC} = \varnothing$ for each $1 \leqslant j<k \leqslant n$
DisjointUnion($FC\ FCE_1, \cdots, FCE_n$)	$(FCE)^{FC} = (FCE_1)^{FC} \cup \cdots \cup (FCE_n)^{FC}$ and $(FCE_j)^{FC} \cap (FCE_k)^{FC} = \varnothing$ for each $1 \leqslant j<k \leqslant n$
模糊对象属性公理	
SubObjectPropertyOf ($FOPE_1, FOPE_2$)	$(FOPE_1)^{FOP} \subseteq (FOPE_2)^{FOP}$
EquivalentObjectProperties($FOPE_1, \cdots, FOPE_n$)	$(FOPE_j)^{FOP} = (FOPE_k)^{FOP}$ for each $1 \leqslant j \leqslant k \leqslant n$
DisjointObjectProperties($FOPE_1, \cdots, FOPE_n$)	$(FOPE_j)^{FOP} \cap (FOPE_k)^{FOP} = \varnothing$ for each $1 \leqslant j<k \leqslant n$
ObjectPropertyDomain($FOPE, FCE$)	$\forall x, y : (x, y) \in (FOPE)^{FOP}$ implies $x \in (FCE)^{FC}$
ObjectPropertyRange($FOPE, FCE$)	$\forall x, y : (x, y) \in (FOPE)^{FOP}$ implies $y \in (FCE)^{FC}$
InverseObjectProperties($FOPE_1, FOPE_2$)	$(FOPE_1)^{FOP} = \{(x, y) \mid (y, x) \in (FOPE_2)^{FOP}\}$
FunctionalObjectProperty($FOPE$)	$\forall x, y_1, y_2 : (x, y_1) \in (FOPE)^{FOP}$ and $(x, y_2) \in (FOPE)^{FOP}$ imply $y_1 = y_2$
InverseFunctionalObjectProperty($FOPE$)	$\forall x_1, x_2, y : (x_1, y) \in (FOPE)^{FOP}$ and $(x_2, y) \in (FOPE)^{FOP}$ imply $x_1 = x_2$
ReflexiveObjectProperty($FOPE$)	$\forall x : x \in \Delta^{FI}$ implies $(x, x) \in (FOPE)^{FOP}$
IrreflexiveObjectProperty($FOPE$)	$\forall x : x \in \Delta^{FI}$ implies $(x, x) \in (FOPE)^{FOP}$
SymmetricObjectProperty($FOPE$)	$\forall x, y : (x, y) \in (FOPE)^{FOP}$ implies $(y, x) \in (FOPE)^{FOP}$
AsymmetricObjectProperty($FOPE$)	$\forall x, y : (x, y) \in (FOPE)^{FOP}$ implies $(y, x) \in (FOPE)^{FOP}$
TransitiveObjectProperty($FOPE$)	$\forall x, y, z : (x, y) \in (FOPE)^{FOP}$ and $(y, z) \in (FOPE)^{FOP}$ imply $(x, z) \notin (FOPE)^{FOP}$
模糊数据属性公理	
SubDataPropertyOf ($FDPE_1, FDPE_2$)	$(FDPE_1)^{FDP} \subseteq (FDPE_2)^{FDP}$
EquivalentDataProperties($FDPE_1, \cdots, FDPE_n$)	$(FDPE_j)^{FDP} = (FDPE_k)^{FDP}$ for each $1 \leqslant j<k \leqslant n$
DisjointDataProperties($FDPE_1, \cdots, FDPE_n$)	$(FDPE_j)^{FDP} \cap (FDPE_k)^{FDP} = \varnothing$ for each $1 \leqslant j<k \leqslant n$
DataPropertyDomain($FDPE, FCE$)	$\forall x, y : (x, y) \in (FDPE)^{FDP}$ implies $x \in (FCE)^{FC}$
DataPropertyRange($FDPE, FDR$)	$\forall x, y : (x, y) \in (FDPE)^{FDP}$ implies $y \in (FDR)^{FDT}$
FunctionalDataProperty($FDPE$)	$\forall x, y_1, y_2 : (x, y_1) \in (FDPE)^{FDP}$ and $(x, y_2) \in (FDPE)^{FDP}$ imply $y_1 = y_2$
模糊断言公理	
SameIndividual($a_1, \cdots, a_n$)	$(a_j)^{FI} = (a_k)^{FI}$ for each $1 \leqslant j \leqslant k \leqslant n$
DifferentIndividuals($a_1, \cdots, a_n$)	$(a_j)^{FI} \neq (a_k)^{FI}$ for each $1 \leqslant j<k \leqslant n$
ClassAssertion($FCE\ a$)	$(a)^{FI} \in (FCE)^{FC}$
ObjectPropertyAssertion($FOPE\ a_1, a_2$)	$((a_1)^{FI}, (a_2)^{FI}) \in (FOPE)^{FOP}$
NegativeObjectPropertyAssertion($FOPE\ a_1, a_2$)	$((a_1)^{FI}, (a_2)^{FI}) \notin (FOPE)^{FOP}$
DataPropertyAssertion($FDPE\ a\ lt$)	$((a_1)^{FI}, (a_2)^{FI}) \in (FOPE)^{FOP}$
NegativeDataPropertyAssertion($FDPE\ a\ lt$)	$((a_1)^{FI}, (a_2)^{FI}) \notin (FOPE)^{FOP}$

在表2.1中，FC表示模糊类；FCE表示模糊类表达式；FDT表示模糊数据类型；FDR表示模糊数据范围；FDP表示模糊数据属性；$FDPE$表示模糊数据属性表达式；FOP表示一个模糊的ObjectProperty，$FOPE$表示一个模糊的ObjectProperty表达式；a表示个体（命名的或没有命名的）；lt表示字符；F_A表示一个约束侧面；$\#S$表示集合S的基数；$\bowtie \in \{\geqslant, >, \leqslant, <\}$。定义2.4提出了模糊OWL 2的语义。

定义2.4（模糊OWL 2的语义） 模糊OWL 2的语义解释可以通过$FI=(\Delta^{FI}, \Delta^{FD}, \bullet^{FC}, \bullet^{FOP}, \bullet^{FDP}, \bullet^{FI}, \bullet^{FDT}, \bullet^{LT}, \bullet^{FA}, NAMED)$表示，其中$FD$是数据类型集，$FV$是基于$FD$的词汇集，$FI$具有以下结构。

①Δ^{FI}是一个模糊对象域的非空集合。

②Δ^{FD}是与对象域的Δ^{FI}不相交的非空数据集合，$(FDT)^{FDT} \subseteq \Delta^{FD}$，其中$FDT \in FV_{FDT}$。

③$\bullet^{FC}$是模糊类的解释函数，对于每一个类$FC \in FV_{FC}$，子类$(FC)^{FC} \subseteq \Delta^{FI}$，使得$(\text{owl: Thing})^{FC} = \Delta^{FI}$和$(\text{owl:Nothing})^{FC} = \varnothing$。

④$\bullet^{FOP}$是模糊对象属性解释函数，对于每个对象属性$FOP \in FV_{FOP}$和$(FOP)^{FOP} \subseteq \Delta^{FI} \times \Delta^{FI}$，存在$(\text{owl:topObjectProperty})^{FOP} = \Delta^{FI} \times \Delta^{FI}$和$(\text{owl:bottomObjectProperty})^{FOP} = \varnothing$。

⑤$\bullet^{FDP}$是模糊数据属性解释函数，对于每个数据属性$FDP \in FV_{FDP}$，和$(FDP)^{FDP} \subseteq \Delta^{FI} \times \Delta^{FD}$，存在$(\text{owl:topDataProperty})^{FDP} = \Delta^{FI} \times \Delta^{FD}$和$(\text{owl:bottomDataProperty})^{FDP} = \varnothing$。

⑥$\bullet^{FI}$是模糊的实例解释函数，对于每一个元素$a \in FV_{FI}$存在$(a)^{FI} \in \Delta^{FI}$。

⑦$\bullet^{FDT}$是数据类型解释函数，对于它为每个数据类型$FDT \in FV_{FDT}$和$(FDT)^{FDT} \subseteq \Delta^{FD}$，其中$\bullet^{FDT}$和$FD$类似对于每一个数据类型$FDT \in FV_{FDT}$，存在$(\text{rdfs:Literal})^{FDT} = \Delta^{FD}$。

⑧$\bullet^{LT}$是字符解释函数，对于每个$lt \in FV_{LT}$，存在$(lt)^{LT} = (LV, FDT)^{LS}$，其

中 LV 是 lt 的词汇形式，FDT 是 lt 的数据类型。

⑨ $\cdot^{FA}$ 是侧面解释函数，对于每个 $(F, lt) \in FV_{FA}$ 存在 $(F, lt)^{FA} = (F, (lt)^{LT})^{FS}$。

⑩ $NAMED$ 是 Δ^{FI} 的一个子集，对于每个 $a \in FV_{FA}$ 存在 $(a)^{FI} \in NAMED$。

抽象域 Δ^{FI} 是一组对象集合，数据类型域 Δ^{FDT} 是由所有数据类型(与 Δ^{FI} 不相交)和数据值的解释域，$\cdot^{FI}$ 和 $\cdot^{FDT}$ 是两个模糊解释函数。函数映射如下。

- 对于一个抽象个体实例 o 存在 $o^{FI} \in \Delta^{FI}$。
- 对于抽象个体实例 o_1 和 o_2，如果 $o_1 \neq o_2$，则 $o_1^{FI} \neq o_2^{FI}$。
- 对于一个具体实例 v 存在 $v^{FD} \in \Delta^{FD}$。
- 对于一个具体的概念 FA 具有隶属度函数 FA^{FI}：$\Delta^{FI} \rightarrow [0, 1]$。
- 对于一个抽象的角色名 R 具有隶属度函数 R^{FI}：$\Delta^{FI} \times \Delta^{FI} \rightarrow [0, 1]$。
- 对于一个具体的数据类型 FD 具有隶属度函数 FD^{FD}：$\Delta^{FD} \rightarrow [0, 1]$。
- 对于一个具体的角色名 T 具有隶属度函数 T^{FI}：$\Delta^{FI} \times \Delta^{FD} \rightarrow [0, 1]$。

利用模糊OWL语言描述的本体被称为模糊OWL本体，文献［22-24］基于模糊OWL语言提出了几种模糊本体的定义。OWL 2作为最新本体描述语言，文献［65-66］给出了模糊OWL 2本体的形式化定义，参考以后的定义考虑了模糊本体的结构和实例信息，以下给出模糊OWL 2的形式化定义。

定义 2.5（模糊 OWL 2 本体）　模糊 OWL 2 本体可以用一个9元组表示：$FO = (FC_0, FP_C, FR_C, FH_C, FDR_0, FDP_0, FOP_0, FO_{Axiom}, FI_0)$，主要内容如下。

① FC_0 是模糊类集合(也称模糊概念)，集合中包括用户定义的模糊类标识符和两个预定义类标识符owl：Thing和owl：Nothing；

② FP_C 有关模糊类的属性集合；

③ FR_C 是非分类关系的集合；

④ FH_C 是层次或分类关系集合，如 $FH_C \subseteq FC_0 \times FC_0$；

⑤FDR_O是模糊数据域标识符的集合，每一个模糊数据域标识符有一个预定义的模糊XML Schema数据类型标识符；

⑥FDP_O是模糊数据属性标识符的集合，数据属性是连接个体和数据值的；

⑦FOP_O是模糊对象属性标识符的集合(模糊抽象角色)，且每个属性有其相应的特性和约束；

⑧FO_{Axiom}是一个公理和断言的集合，包括用于表示类之间关系的类公理、表示属性的特性和约束的属性公理，以及用于表示个体的个体公理；

⑨FI_O是模糊个体集合，每个个体属于一个类的程度由介于［0，1］的隶属度决定，体现了模糊个体中实例的模糊性。

2.4 本章小结

本章简要介绍了本体、模糊集理论和模糊OWL 2本体的相关基础知识。首先介绍了本体的形式化定义的相关知识，然后简要地介绍了模糊集理论，最后介绍了模糊本体的特征及模糊OWL 2本体的形式化定义。本章介绍的内容引入的相关术语和定义，为后续各章节的研究提供了必要的理论基础。

第3章 基于模糊EER模型的模糊OWL 2本体再工程

作为ER(entity-relationship)模型的扩展，EER(extended entity-relationship)模型被广泛应用在数据库领域，成为数据库领域进行数据库设计的代表性概念数据模型之一。为了建模现实世界中的模糊信息，研究者已经对EER模型进行了扩展，提出了模糊EER模型，这就为模糊本体再工程到模糊EER模型提供了基础。模糊OWL 2本体到模糊EER模型的再工程将有助于模糊OWL 2本体基于模糊EER模型的重用和集成，便于熟悉EER模型的用户使用。为此，本章研究基于模糊EER模型的模糊OWL 2本体再工程方法。

本章3.1节是引言；3.2节详细描述模糊EER的形式化定义；3.3节提出模糊OWL 2本体到模糊EER模型的形式化转换规则；3.4节给出一个模糊OWL 2本体到模糊EER模型的转换实例，并对其进行分析；3.5节给出所提出映射方法的合理性证明；3.6节是本章小结。

3.1 引言

概念数据模型被广泛用于较高抽象层面上捕获并表示领域内丰富的语义信息，从而为设计者提供一种对现实世界进行抽象建模的强有力机制[128-129]。在数据库领域，ER模型及其扩展形式EER模型已经成为广泛使用的重要数据库设计工具，相关的技术和产品已经非常丰富。近年来，随着本体概念的提出和本体的广泛应用，ER/EER数据模型开始被用于本体的再工程（详见文献[26]）。

然而，在现实世界中，存在大量的不精确和不确定的信息，为了表示和处理模糊数据，许多研究者将模糊集理论[13-14]引入传统的数据模型和本体中，提出了模糊EER模型[67-74]。同时，随着近年来语义Web技术的不断发展，本体作为语义Web的知识表示模型，当前已有大量的研究工作致力于本体的模糊扩展（详见综述文献[23]），而模糊本体的再工程问题也成为语义Web实现模糊知识管理的关键技术之一。与经典本体的情况类似，基于模糊数据模型在数据建模和管理方面的优势，利用模糊数据模型作为模糊本体的再工程目标模型成为现阶段解决上述问题最有效的方法之一。

基于模糊ER/EER模型的形式化定义，本章给出一个EER模型较完整的模糊扩展形式及相应的形式化定义。在此基础上，给出模糊OWL 2本体到模糊EER模型的形式化再工程转换方法。最后，结合实例分析和理论证明说明了所提方法的合理性和可行性。

3.2 模糊EER模型

模糊EER模型[67-74]是一个扩展版的模糊ER模型[130-131]，用来表示复杂的模糊信息，模糊EER模型除了包括ER模型的所有属性外，还增加了模糊类、模糊概化/特化、模糊聚集和其他限制。下面将详细介绍模糊EER模型，其主要包括模糊实体、模糊联系、模糊属性、模糊概化/特化、模糊范畴和模糊聚集。图3.1给出了模糊EER模型所包含概念的图形化表示。

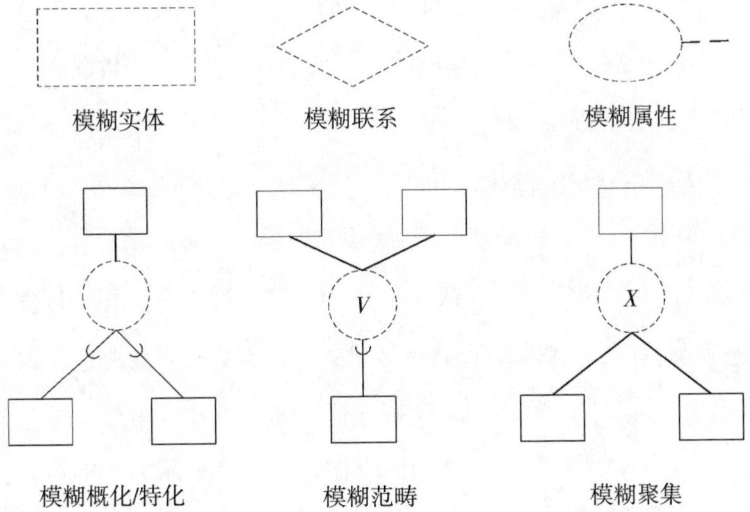

图3.1　模糊EER模型概念的图形化表示

（1）模糊实体

一个实体是由具有相同属性的对象实例组成，实体具有层次结构。在一个模糊EER模型中，一个模糊实体是由实例的模糊集组成的，其中实例属于该实体具有［0，1］的隶属度(其中一个附加属性$\mu \in [0, 1]$，用于描述实例属于实体的隶属度)。此外，由模糊实体通过特化生成的子类，以及由一些实体(其中至少有一个模糊实体）通过概化生成的超类也是模糊的。

（2）模糊联系

表示两个或多个实体的对象实例之间的关系，关系可能包含自己的属性。模糊关系是指在n个实体中模糊存在的关系，即关系实例出现的可能性为［0，1］(其中符号$\beta \in [0, 1]$用于表示模糊关系发生的可能性)。

（3）模糊属性

模糊EER模型中实体的每个属性与一个数据类型(或称为属性域)相关联，并且属性可能由以下两种情况之一组成。其一，非模糊属性，其域可能是简单的基本类型，如整数、实数和字符串等；其二，模糊属性，其域是由模糊集合组成。如果实体的属性是模糊的则需要明确标识(如在属性前面用模糊关键字“FUZZY”表示它是模糊属性)。

（4）模糊概化/特化

概化/特化描述了实体之间的子类/超类关系。在经典情况下，一个实体类型S_j被称为另一个实体类型E_i的子类，E_i被称为S_j的超类，当且仅当对于S_j的每个实体实例，它一定也是E_i的实体实例。形式上表示为

$$(\forall e)(e \in S_j \Rightarrow e \in E_i)$$

在模糊EER中，实体类型/实例的模糊性是一个实体实例相对于一个实体类型可能有一个隶属度。这样，实体类型之间的子类/超类关系必须重新定义。考虑定义域U上的两个实体类型E_i和S_j，它们都是模糊集合并且它们的隶属度分别是μ_{E_i}和μ_{S_j}。当且仅当下面的条件成立，称S_j是E_i的模糊子类，E_i是S_j的模糊超类：

$$(\forall e)(e \in U \wedge \mu_{S_j}(e) \leqslant \mu_{E_i}(e))$$

假定超类E_i有多个子类S_1，S_2，…，S_n，并且它们的隶属度分别为$\mu_{E_i}, \mu_{S_1}, \mu_{S_2}, \cdots, \mu_{S_n}$，则下面的条件成立：

$$(\forall e)(e \in U \wedge \max(\mu_{S_1}(e), \mu_{S_2}(e), \cdots, \mu_{S_n}(e)) \leqslant \mu_{E_i}(e))$$

也就是说，一个实体实例属于子类中任何一个实体类型的隶属度不大于该实体实例属于子类的超类隶属度。这个特征可以用来确定两个实体是否具有子类/超类的关系。

概化是一个从多个实体类型定义一个超类给出的，这些构建的超类的实体类型之间通常具有一些共同的特性。与概化相反，特化是根据某一个特性从一个实体类型定义出几个子类。考虑到一个模糊超类E_i和其模糊子类S_1，S_2，…，S_n，它们的隶属函数分别为μ_{E_i}，μ_{S_1}，μ_{S_2}，…，μ_{S_n}，则下面的关系成立：

$$(\forall e)(\forall S)(e \in U \wedge S \in \{S_1, S_2, \cdots, S_n\} \wedge \mu_S(e) \leqslant \mu_{E_i}(e))$$

这意味着对于每个子类，一个实体实例属于子类的隶属度必须小于或等于这个实体实例属于超类的隶属度。

图3.2给出了一个模糊子类/超类关系，描述了模糊概化/特化关系。此外，在模糊概化/特化关系中可能存在一些在实际应用中非常有用的可选约束disjointness和completeness。其中“disjointness”表示所有的子类都不相交，“completeness”表示超类完全是由多个子类联合构成。

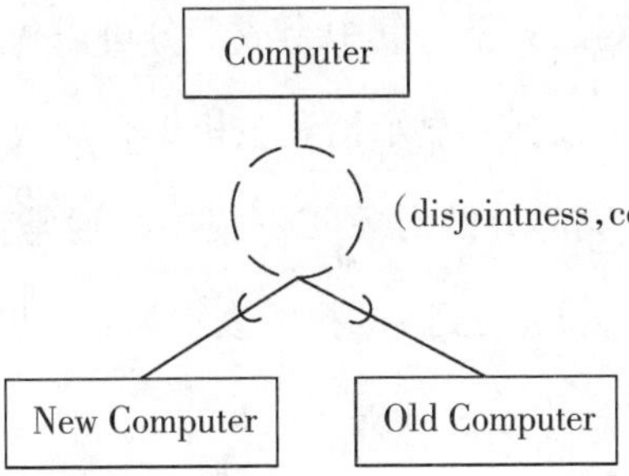

图3.2　模糊EER模型中的一个模糊概化/特化实例

（5）模糊范畴

范畴是几个实体组成的子类，在模糊EER模型中，存在S_1，S_2，…，S_n和E_i是模糊实体集，它们的隶属函数分别为μ_{S_1}，μ_{S_2}，…，μ_{S_n}和μ_{E_i}。如果下面的条件成立，则E_i是S_1，S_2，…，S_n的模糊范畴：

$$(\forall e)(\exists S)(e \in E_i \wedge S \in \{S_1, S_2, \cdots, S_n\} \wedge \mu_S(e) \geqslant \mu_{E_i}(e) > 0)$$

上述条件意味着，对于以非零隶属度的形式属于范畴的任意实体实例，它一定也是以非零隶属度的形式属于其超类中的一个。此外，实体实例隶属于范畴的非零隶属度不大于它属于超类的隶属度。

应当注意的是，模糊范畴不同于有多个模糊超类的模糊子类。例如，设E_i是一个模糊子类，S_1，S_2，…，S_n为其模糊超类，隶属函数为μ_{E_i}和$\mu_{S_1}, \mu_{S_2}, \cdots$,

μ_{S_n}。此时下面的条件成立：

$$(\forall e)(\forall S)(e \in E_i \wedge S \in \{S_1, S_2, \cdots, S_n\} \wedge \mu_S(e) \geqslant \mu_{E_i}(e) > 0)$$

很明显，以上两个公式是不同的，第二个公式说明了范畴的实体至少有一个在其相应的超类中，而共享子类的实体(即具有多于一个模糊超类的模糊子类)必须存在于所有相应的超类中。

（6）模糊聚集

聚集是概化/特化之外又一个实体类型的抽象方法，聚集描述一个聚合的实体和其组成部分的实体之间的关系，其中组成部分可以独立存在。例如，聚集类电脑，由组成部分键盘、鼠标、显示器和主机聚合而成。一个聚合体的每个对象实例可以被投影到组成部分的对象实例集中。通常情况，设E_i是实体S_1，S_2，…，S_n的聚集，对于$e \in E_i$，e到S_i的投影表示为$e \downarrow S_i$，存在以下公式：

$$(e \downarrow S_1) \in S_1, (e \downarrow S_2) \in S_2, \cdots, (e \downarrow S_n) \in S_n$$

模糊EER模型的组成部分可能是模糊实体，因此这些实体之间的聚集也可能是模糊的，需要重新定义。通常，设E_i是模糊实体集S_1，S_2，…，S_n的模糊聚集，而其隶属函数为μ_{E_i}，μ_{S_1}，μ_{S_2}，…，μ_{S_n}。对于任何对象实例e，它属于聚集E_i的隶属度表示为$\mu_{E_i}(e)$。设e投影到组成部分S_1，S_2，…，S_n表示为$e \downarrow S_1$，$e \downarrow S_2$，…，$e \downarrow S_n$，这些投影属于S_1，S_2，…，S_n的隶属度为$\mu_{S_1}(e \downarrow S_1)$，$\mu_{S_2}(e \downarrow S_2)$，…，$\mu_{S_n}(e \downarrow S_n)$，此时下面条件成立：

$$(\forall e)(\exists e_1)(\exists e_2)\cdots(\exists e_n)(e \in E \wedge e_1 = e \downarrow S_1 \in S_1 \wedge e_2 = e \downarrow S_2 \in S_2 \wedge \cdots \wedge$$
$$e_n = e \downarrow S_n \in S_n \wedge \mu_{S_1}(e_1) \times \mu_{S_2}(e_2) \times \cdots \times \mu_{S_n}(e_n) > 0)$$

这里

$$\mu_{E_i}(e) \leqslant \mu_{S_1}(e_1), \mu_{E_i}(e) \leqslant \mu_{S_2}(e_2), \cdots, \mu_{E_i}(e) \leqslant \mu_{S_n}$$

这些特征用来表示一些类之间是否具有模糊聚合关系。对于以非零隶属度聚集的任意实体实例，能被分割成几个部分，并且作为一个实体实例，每一部分一定以非零隶属度的形式组成部分实体类型中的一个。此外，所有后者的非零隶属度的乘积构成了前者的非零隶属度。

图3.3给出一个模糊聚集，实体New Computer由实体monitor，keyboard，mouse和new mainframe聚集而成，其中new mainframe由于不能确定其新旧因而具有模糊性。

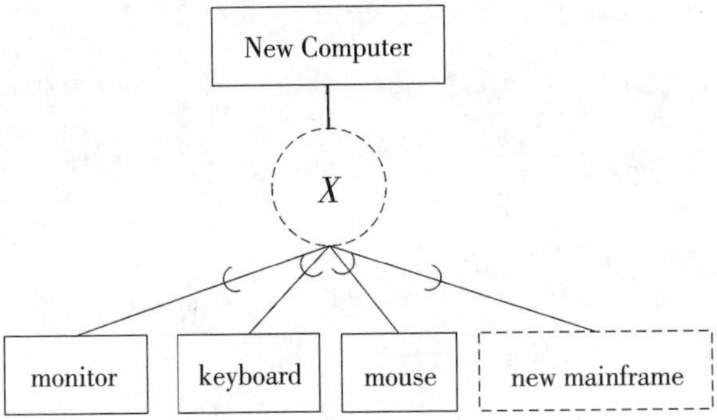

图3.3　模糊EER模型中的一个模糊聚集实例

基于上述对模糊EER模型的讨论，下面给出了一个模糊EER模型的形式化定义。首先假设存在两个有限集合X和Y，从集合X到另外一个集合Y的函数是Y上的一个X标记的元组，标记元组记为T，将$x_i \in X$映射到$y_i \in Y$表示为$[x_1 : y_1, x_2 : y_2, \cdots, x_n : y_n]$，其中，$i \in \{1, \cdots, n\}$，用$T[x_i]$来表示$y_i$。

定义3.1（模糊EER模型）[132-136]　一个模糊EER模型可以定义为一个七元组$EER_F = (S_F, \xi_{FEA}, \xi_{FRE}, \theta_{card}, \Upsilon_{FSG}, \Upsilon_{FAGG}, \Upsilon_{FCAT})$。其中，$S_F = E_F \cup A_F \cup T_F \cup R_F \cup L_F$是一个有限字符集合，集合$E_F$表示模糊实体符号集、集合$A_F$表示模糊属性符号集、集合$T_F$表示数据类型符号集、集合$R_F$表示模糊关系符号集、集合$L_F$表示角色符号集；$\xi_{FEA}$是模糊实体与相应属性相关联的函数；$\xi_{FRE}$是模糊关系与相应参与实体的关联函数；$\theta_{card}$是指定模糊实体的对象实例参与模糊关系的基数约束函数；Υ_{FSG}，Υ_{FCAT}和Υ_{FAGG}分别表示模糊概化/特化、模糊范畴和模糊聚集关系。

• ξ_{FEA}：$FE/FR \rightarrow \tau(FA, FT)$表示把$E_F/R_F$中的每个模糊实体/关系符号映射到$AF$-标记的元组$T_F$的函数。例如，$\xi_{FEA}(FE/FR) \rightarrow [FA_1 : FT_1, \cdots, FA_n : FT_n]$，其中$FE \in E_F$，$FR \in R_F$，$FA_i \in A_F$，$FT_i \in T_F$。函数$\xi_{FEA}$表示每个模糊实体/关系与其相应的属性用于对模糊实体/关系属性进行建模。

• ξ_{FRE}：$FR \rightarrow \tau(L, FE)$表示把$R_F$中的模糊关系符号映射到以$L_F$-标记的元组$E_F$上的函数。例如，$\xi_{FRE}(FR) = [L_1 : FE_1, \cdots, L_k : FE_k]$，其中$FR \in R_F$，$L_i \in L_F$，$FE_i \in E_F$。函数$\xi_{FRE}$通过一组角色将每个模糊关系与相应的参与实体关联起来。另外假设如下。

第一，每个角色只针对一个模糊关系，例如，对于两个模糊关系FR，$FR' \in R_F$，$FR \neq FR'$，如果存在函数$\xi_{FRE}(FR) = [L_1 : FE_1, \cdots, L_k : FE_k]$和$\xi_{FRE}(FR') = [L'_1 : FE'_1, \cdots, L'_k : FE'_k]$，对于角色$L_i$，$L'_i \in L_F$，模糊实体$FE_i$，$FE'_i \in E_F$，其中$i \in \{1, \cdots, k\}$，那么$\{L_1, \cdots, L_k\} \cap \{L'_1, \cdots, L'_k\} = \varnothing$。

第二，对于每一个角色$L \in L_F$存在一个模糊关系$FR \in R_F$和模糊实体$FE \in E_F$，即$\xi_{FRE}(FR) = [\cdots, L : FE, \cdots]$。

• θ_{card}是一个从$E_F \times R_F \times L_F$到$N_0 \times (N_0 \cup \{\infty\})$的映射函数，其中$N_0$表示非负整数。对于一个模糊关系$FR \in R_F$，即$\xi_{FRE}(FR) = [L_1 : FE_1, \cdots, L_k : FE_k]$，存在$\theta_{card}(FE_i, FR, L_i) = (\theta_{min}(FE_i, FR, \mathrm{L}_i), \theta_{max}(FE_i, FR, L_i))$。其中，$\theta_{card}$表示模糊实体的对象实例通过角色参与模糊关系的基数限制的最小次数和最大次数，如果没有特殊说明，$\theta_{min}(FE_i, FR, L_i)$默认是0，$\theta_{max}(FE_i, FR, L_i)$默认是$\infty$。

• $\gamma_{FSG}(FE) = FE_1 \times FE_2 \times \cdots \times FE_p$描述了一个超类$FE$和$p$个子类$FE_1$，$FE_2$，…，$FE_p$之间的层次关系（概化/特化可以组成一个实体的层次结构）。在层次关系中可能有可选的约束（disjointness，completeness）。

• $\gamma_{FACG}(FE) = FE_1 \cup FE_2 \cup \cdots \cup FE_m$是一个聚集关系描述聚集体$FE$和组成实体$FE_i$之间的聚集，其中$i \in \{1, \cdots, m\}$。

• $\gamma_{\mathcal{F}\text{CAT}}(FE) = FE_1 \cup FE_2 \cup \cdots \cup FE_q$是一个模糊范畴，描述了子类$FE$和$q$个超类$FE_1$，$FE_2$，…，$FE_q$联合体之间的关系。

定义3.2 模糊EER模型$EER_\mathcal{F}$的对象实例状态$\mathcal{FB}$由非空有限集合$\Delta^{\mathcal{FB}}$和函数集$\cdot^{\mathcal{FB}}$构成，其表示如下：

①每个模糊域符号$FT \in T_\mathcal{F}$相应的基本域为$FT^{\mathcal{FB}}$。

②每个模糊实体$FE \in E_\mathcal{F}$，存在$FE^{\mathcal{FB}}$是$\Delta^{\mathcal{FB}}$的子集，即$FE^{\mathcal{FB}} \subseteq \Delta^{\mathcal{FB}}$。

③每个模糊属性$FA \in A_\mathcal{F}$，存在一个集合$FA^{\mathcal{FB}} \subseteq \Delta^{\mathcal{FB}} \times FT^{\mathcal{FB}}$。

④每个模糊关系$FR \in R_\mathcal{F}$的角色集合$FR^{\mathcal{FB}}$被映射到L-标记的元组$\Delta^{\mathcal{FB}}$上。

此外，如果对象实例状态$\mathcal{FB}$满足模糊EER模型的所有约束条件，则该对象实例状态是合法的模糊EER模型实例(请参阅定义3.3)。

定义3.3 如果模糊对象实例$\mathcal{FB}$满足以下条件，则该对象实例是一个合法的模糊EER模型$EER_\mathcal{F} = (S_\mathcal{F}, \xi_{\mathcal{F}\text{EA}}, \xi_{\mathcal{F}\text{RE}}, \theta_{\text{card}}, \gamma_{\mathcal{F}\text{SG}}, \gamma_{\mathcal{F}\text{AGG}}, \gamma_{\mathcal{F}\text{CAT}})$：

• 对于每个形如$\xi_{\mathcal{F}\text{EA}}(FE) \to [FA_1 : FT_1, \cdots, FA_n : FT_n]$的模糊实体$FE$，至少存在一个元素$a_i = <e, t_i> \in FA_i^{\mathcal{FB}}$，$e \in FE^{\mathcal{FB}}$，$t_i \in FT_i^{\mathcal{FB}}$。

• 对于每个具有$\xi_{\mathcal{F}\text{RE}}(FR) = [L_1 : FE_1, \cdots, L_k : FE_k]$的模糊关系$FR$，$FR$的所有实例的形式为$[L_1 : e_1, \cdots, L_k : e_k]$，其中$L_i \in L_i^{\mathcal{FB}}$，$e_i \in FE_i^{\mathcal{FB}}$，$i \in \{1, \cdots, k\}$。

• 对于每个具有$\xi_{\mathcal{F}\text{RE}}(FR) = [\cdots, L : FE, \cdots]$的模糊关系$FR$以及每个实例$e \in FE^{\mathcal{FB}}$存在$\theta_{\min}(FE_i, FR, L_i) \leqslant \#\{r \in FR^{\mathcal{FB}} \mid r[L] = e\} \leqslant \theta_{\max}(FE_i, FR, L_i)$，其中，$\#\{\}$表示集合$\{\}$的基数。

• 对于每个模糊概化/特化关系$\gamma_{\mathcal{F}\text{SG}}(FE) = FE_1 \times FE_2 \times \cdots \times FE_p$，存在$\bigcup_i^n FE_i^{\mathcal{FB}} \subseteq FE^{\mathcal{FB}}$；

第一，如果存在“disjointness”约束条件，则存在$FE_i^{\mathcal{FB}} \cap FE_j^{\mathcal{FB}} = \varnothing$，其中，$i$，$j \in \{1, \cdots, n\}$，$i \neq j$；

第二，如果存在“completeness”整体约束条件，则存在$\bigcup_i^n FE_i^{\mathcal{FB}} \subseteq FE^{\mathcal{FB}}$。

• 对于每组聚合 $\gamma_{FAGG}(FE_1) = FE_2$，则对于 $\forall e_1$，e_2 存在 $FAGG$（e_1，e_2）$\rightarrow e_1 \in FE_1^{\mathcal{FB}} \wedge e_2 \in FE_2^{\mathcal{FB}}$。

• 对于每组模糊范畴 $\gamma_{FCAT}(FE) = FE_1 \cup FE_2 \cup \cdots \cup FE_n$，存在 $FE^{\mathcal{FB}} \subseteq \bigcup_{i}^{n} FE_i^{\mathcal{FB}}$，如果存在整体约束条件，则存在 $FE^{\mathcal{FB}} = \bigcup_{i}^{n} FE_i^{\mathcal{FB}}$。

3.3 模糊本体到模糊EER模型的转换

本节提出基于模糊EER模型的模糊OWL 2本体再工程的形式化转换方法，在结构和实例层面上给出详细的转换规则。

3.3.1 模糊OWL 2本体结构到模糊EER模型的转换

首先给出模糊OWL 2本体和模糊EER模型之间的对应关系，如表3.1所列，然后给出模型OWL 2本体到模糊EER模型的转换规则。

表3.1 模糊OWL 2本体和模糊EER模型对比

模糊OWL 2本体	模糊EER模型
A fuzzy OWL 2 ontology	A fuzzy EER model package
A namespace of a fuzzy OWL 2 ontology	A fuzzy EER model package name
A fuzzy class identifier	A fuzzy EER entity/relationship
A fuzzy datatype property identifier whose domain is the fuzzy class attribue and range is the predefined fuzzy XML Schema datatype corresponding to the data type	A fuzzy EER attribute of a fuzzy entity/relationship
A pair of inverse fuzzy OWL object property identifiers between the two fuzzy OWL classes	A fuzzy EER role associated to a fuzzy EER relationship and a fuzzy EER entity
The (minimum and maximum) cardinality of a fuzzy OWL object property	The cardinality constraints on an object instance of the corresponding OWL object to the fuzzy EER role a fuzzy entity may participate in a fuzzy relationship via a role
A fuzzy OWL individual identifier	An object instance of a fuzzy entity
A fuzzy OWL individual axioms	The relations between an object instance and its corresponding fuzzy entity or its attribute values
A fuzzy OWL class or property axioms	The fuzzy EER elements such as fuzzy generalization/specialization, fuzzy category, fuzzy aggregation, and constraints

给出一个模糊OWL 2本体模型 $FO=(FC_0, FI_0, FP_C, FR_C, FH_C, FDT_0, DP_0, FOP_0, FO_{Axiom})$，利用映射函数 φ 可以将模糊本体模型 FO 映射到模糊EER模型 $EER_F=(S_F, \xi_{FEA}, \xi_{FRE}, \theta_{card}, \gamma_{FSG}, \gamma_{FAGG}, \gamma_{FCAT})$，即 $EER_F=\varphi(FO)$。具体转化规则如下。

规则3.1 模糊OWL 2本体类标识符 FC_0 可映射到模糊EER模型的实体标识符集 E_F，即 $\varphi(FC_0)\in E_F$。

规则3.2 模糊OWL 2本体数据属性标识 FDP_0 映射到对应的模糊EER模型的属性标识符集 A_F，即 $\varphi(FDP_0)\in A_F$。

规则3.3 模糊OWL 2本体数据类型定义 FDR_0 映射到模糊EER模型的数据类型符号集 T_F，即 $\varphi(FDR_0)\in T_F$。

规则3.4 模糊OWL 2本体对象属性 FOP_0 用于表示两个模糊类之间的关系，映射到模糊EER模型的角色 L_F，即 $\varphi(FOP_0)\in L_F$。

规则3.5 模糊本体的非分类关系 FR_C 映射到模糊EER关系，具体情况如下：具有定义域和范围的概念关系可以转换到模糊EER的关系 R_F，即 $\varphi(FR_C)\in R_F$；具有定义域的关联关系可以转换到模糊EER的实体 E_F，即 $\varphi(FC_0)\in E_F$。

规则3.6 一个分类或等级关系集 FH_C 映射到模糊EER模型关系 R_F，即 $\varphi(\mathrm{F}H_C)\in R_F$。

规则3.7 模糊OWL 2本体类的属性集 FP_C 映射到对应的模糊EER模型的一组属性 A_F，即 $\varphi(FP_C)\in A_F$。

规则3.8 模糊OWL 2本体中 m 对模糊对象属性标识符(is_part_of_g$_1$，is_whole_of_g$_1$，…，is_part_of_g$_m$，is_whole_of_g$_m$)对应到模糊EER的模糊聚集，$\gamma_{FAGG}(FE)=FE_1\cup FE_2\cup\cdots\cup FE_m$。

一个模糊OWL 2元素ObjectProperty映射到模糊EER模型中的关系，模糊OWL 2的对象属性描述一个个体与另一个体之间的关系，而模糊EER模型中的角色描述两个或多个实体之间的各种关系。

规则3.9 模糊OWL 2对象属性的基数(最小和最大限制)可映射为模糊EER模型中模糊实体的对象实例通过角色参与模糊关系的基数限制。

规则3.10 模糊OWL 2本体的注释属性(包括几个内置的注释属性)映射到模糊EER的注释实体。

规则3.11 模糊本体的类描述公理Class(FC_0 partial restriction FDP_{01} allValuesFrom(FDR_{01}) cardinality(1))… restriction FDP_{0n} allValuesFrom(FDR_{0n}) cardinality(1))；DatatypeProperty(FDP_{0i}, domain(FC_0) range(FDR_{0i}) [functional]),其中$i \in \{1, \cdots, n\}$映射到模糊EER模型实体和属性的关联函数描述如下：

$\xi_{fEA}(\varphi(FC_0)) \rightarrow [\varphi(FDP_{01}): \varphi(FDR_{01}), \cdots, \varphi(FDP_{0n}) : \varphi(FDR_{0n})]$，其中$\varphi(FC_0) \subseteq FE \in E_F$，$\varphi(FDP_{0i}) \subseteq FA_i \in A_F$，$\varphi(FDR_i) \subseteq FT_i \in T_F$。

规则3.12 模糊本体的类之间的描述公理Class(FR_C partial restriction FOP_{01} allValuesFrom (FC_{01}) cardinality (1)) … restriction FOP_{0n} allValuesFrom (FC_{0n}) cardinality(1))，映射到模糊EER模型关系和属性之间的联系描述如下：

$\xi_{fEA}(\varphi(FR_C)) \rightarrow [\varphi(FOP_{01}):\varphi(FC_{01}), \cdots, \varphi(FOP_{0n}):\varphi(FC_{0n})]$，其中$\varphi(FR_C) \subseteq FR \in R_F$，$\varphi(FOP_{0i}) \subseteq FA_i \in A_F$，$\varphi(FC_{0i}) \subseteq FT_i \in T_F$。

规则3.13 模糊本体的类关系公理Class FC_{0i} partial FC_0或SubClassOf (FC_{0i} FC_0)，其中$i \in \{1, \cdots, n\}$，映射到模糊EER模型实体的子类/超类关系，即超类$\varphi(FC_0)$和n个子类$\varphi(FC_{01})$，$\varphi(FC_{02})$，…，$\varphi(FC_{0n})$ 之间的层次关系，其中$\varphi(FC_0)$，$\varphi(FC_{0i}) \subseteq FE \in E_F$。

规则3.14 模糊本体的类关系公理Class(FC_0 complete unionOf(FC_{01}, …, FC_{0n}))，DisjointClasses(FC_{0i}, FC_{0j})或DisjointUnion(FC_0, FC_{01}, …, FC_{0n}),其中i, $j \in \{1, \cdots, n\}$，$i \neq j$，映射到模糊EER模型实体的概化/特化关系，且存在“disjointness”和“completeness”限制超类$\varphi(FC_0)$和n个子类$\varphi(FC_{01})$，$\varphi(FC_{02})$，…，$\varphi(FC_{0n})$之间的层次结构，$\gamma_{FSG}(\varphi(FC_0)) = \varphi(FC_{01}) \times \varphi(FC_{02}) \times \cdots \times$

$\varphi(FC_{0n})$，其中$\varphi(FC_0)$，$\varphi(FC_{0i}) \subseteq FE \in E_F$。

规则3.15　模糊本体的类关系公理Class（FC_0 partial unionOf（FC_{01}，…，FC_{0q}））或Class（FC_0 partial FC_{01}，…，FC_{0q}）映射到模糊EER模型范畴，描述了子类$\varphi(FC_0)$和q个超类$\varphi(FC_{01})\cdots\varphi(FC_{0q})$联合体之间的关系，即$\gamma_{FCAT}(\varphi(FC_0)) = \varphi(FC_{01}) \cup \varphi(FC_{02}) \cup \cdots \cup \varphi(FC_{0q})$，其中$\varphi(FC_0)$，$\varphi(FC_{0i}) \subseteq FE \in E_F$。

规则3.16　模糊本体的属性公理Class（FP_C partial restriction（FOP_{01} allValuesFrom（FC_{01}）cardinality（1））…restriction（FOP_{0k} allValuesFrom（FC_{0k}）cardinality（1）））映射到模糊EER模型模糊关系与相应的参与实体之间的关联关系，即$\xi_{FRE}(\varphi(FP_C)) = [\varphi(FOP_{01}):\varphi(FC_{01})，\cdots，\varphi(FOP_{0q}):\varphi(FC_{0q})]$，其中$\varphi(FP_C) \subseteq FR \in R_F$，$\varphi(FOP_{0i}) \subseteq L_i \in L_F$，$\varphi(FC_{0i}) \subseteq FE_i \in E_F$。

规则3.17　模糊本体的类属性公理Class（FC_{0i} partial restriction（FOP_{0i} allValuesFrom（FP_C）minCardinality（m_i）maxCardinality（n_i））），ObjectProperty（FOP'_{0i} domain（FC_{0i}）range（FP_C）inverseOf（FOP_{0i}）），ObjectProperty（FOP_{0i} domain（FP_C）range（FC_{0i}）），其中$i \in \{1，\cdots，k\}$，FOP'_{0i} =invof_（FOP_{0i}）映射到模糊EER模型对象实例参与模糊关系的基数限制函数$\theta_{card}(\varphi(FC_{0i})，\varphi(FP_C)，\varphi(FOP_{0i})) = (\theta_{min}(\varphi(FC_{0i})，\varphi(FP_C)，\varphi(FOP_{0i}))，\theta_{max}(\varphi(FC_{0i})，\varphi(FP_C)，\varphi(FOP_{0i})))$，其中$\varphi(FC_{0i}) \subseteq FE_i \in E_F$，$\varphi(FP_C) \subseteq FR \in R_F$，$\varphi(FOP_{0i}) \subseteq L_i \in L_F$。

规则3.18　模糊本体的类属性公理Class(owl:Thing partial restriction（inverseOf（is_part_of_g$_1$）allValuesFrom（FC_0）cardinality（1））restriction（（is_whole_of_g$_1$）allValuesFrom（FC_{01}）cardinality（1））… restriction（inverseOf（is_part_of_g$_m$）allValuesFrom（FC）cardinality（1））restriction（（is_whole_of_g$_m$）allValuesFrom（FC_m）cardinality（1））），ObjectProperty（（is_part_of_g$_i$）domain（FC_{0i}）range（FC_0）），ObjectProperty（（is_whole_of_g$_i$）domain（FC_0）range（FC_{0i}）），其中$i \in \{1，\cdots，\%\}$映射到模糊EER模型实体对象的聚集关系，即聚集实体$\varphi(FC_0)$和组成实体$\varphi(FC_{01})$，$\varphi(FC_{02})$，…，$\varphi(FC_{0m})$之间的关系，$\gamma_{FAGG}(\varphi(FC_0)) =$

$\varphi(FC_{01}) \cup \varphi(FC_{02}) \cup \cdots \cup \varphi(FC_{0m})$，其中$\varphi(FC_{0i}),\varphi(FC_0) \subseteq FE_i \in E_F$，$\varphi(FP_C) \subseteq FR \in E_F$。

3.3.2 模糊OWL 2本体实例到模糊EER对象的转化

基于3.3.1节模糊本体在结构层面的映射，本节进一步提出在实例层面将模糊OWL 2本体实例转换到模糊EER模型的对象实例。下面简要介绍一下模糊OWL 2本体的实例和模糊EER模型的对象实例。模糊OWL 2本体实例用公理来表示(见第2章表2.1)：Individual (o type(FC_{01})[$\bowtie m_1$] …value (FOP_{01}, o_1) [$\bowtie m_1$]… value (FDP_{01}, v_1) [$\bowtie m_1$] …)，SameIndividual (o_1, …, o_n)，DifferentIndividuals(o_1, …, o_n)，其中o_i表示抽象本体实例，v_i表示具体本体实例，FC_{0i}表示模糊类，FOP_0和FDP_0表示模糊对象和数据属性，m_i，k_i，$l_i \in [0, 1]$，$\bowtie \in \{\geqslant, >, \leqslant, <\}$。模糊EER模型在多个级别上具有不同的模糊性，第一个级别是模型(model)层面，用于指定实体集、联系类型和属性分别属于模糊EER模型的隶属度；第二个级别是类型/实例(type/instance)层面，用于指定一个实体类型和联系类型的实例属于实体的隶属度，用附加属性$\mu \in [0, 1]$描述一个模糊对象实例属于模糊实体的隶属度，这个层面的模型断言形如$e : FE : \mu$，表示模糊实例e属于实体FE的隶属度为μ；第三个级别是属性值(attribute value)层面，用于指定一个实体实例或联系实例的属性取值，当取值范围是一个模糊子集或是一个模糊子集的集合时，属性值的模糊性就出现了，这个层面的模糊断言形如$e : [FA_1 : FV_1 : n_1, \cdots, FA_k : FV_k : n_k]$，表示对象实例$e$的属性取值，其中$FA_i \in A_F$表示实例$e$的属性名，$FV_i$表示属性$FA_i$的值，$n_i \in [0, 1]$，$i \in \{1, \cdots, k\}$。

规则3.19 每个模糊OWL 2本体的实例FI_0都可映射到模糊EER模型中的一个实体集E_F，即$\varphi(FI_0) \in E_F$。

规则3.20　模糊OWL 2本体个体公理Individual（o type(FC_0)[$\bowtie \mu$]转换为模糊EER模型的模糊断言$\varphi(o):\varphi(FC_0):\mu$，其中$\varphi(o)\subseteq e$，$\varphi(FC_0)\in E_F$。

规则3.21　模糊OWL 2本体个体公理Individual（o type(FC_0)…value(FOP_{0i}，o_i)[$\bowtie m_i$] … value(FDP_{0i}，v_i)[$\bowtie n_i$]…)，其中m_i，$n_i\in[0, 1]$，转换为模糊EER模型的模糊断言$\varphi(o)$：[…，$\varphi(FOP_{0i})$: o_i: m_i，…，$\varphi(FDP_{0i})$: v_i: n_i，…]，其中$\varphi(o)\subseteq e$，$\varphi(FC_{0i})\in E_F$，$\varphi(FDP_{0i})\in T_F$，$\varphi(FOP_{0i})\in A_F$。

3.4　实例分析

本节给出一个具体的模糊OWL 2本体再工程的实例，如图3.4所示给出了模糊OWL 2本体“E-commerce”的抽象语法，在“E-commerce”中包含不同类型的模糊性。

· 元素的模糊性表示这些元素属于某些类的程度，与元素相关联的隶属度指示元素属于其父元素的可能性，类中的附加属性$\mu\in[0, 1]$表示对象实例属于类的隶属度。例如，在模糊本体“E-commerce”中，由于不能准确地描述实例是否属于“Corporate-Customer”而具有模糊性。此时可以发现该类的公理中多了一个属性$\mu\in[0, 1]$。

· 元素属性值的模糊性由模糊关键字“FUZZY”来表示，该模糊关键字“FUZZY”出现在属性前面，表示该属性的值为模糊值。例如，元素“Corporate-Customer”的属性“FUZZY-creditRating”可能是模糊的。此外，在现实世界的应用中模糊本体“E-commerce”可能还有其他的模糊元素和属性。

上面提出的再工程方法首先将模糊OWL 2本体的结构信息(如模糊类标识、模糊数据类型/对象属性标识和模糊个体标识)转换到模糊EER模型要素(如模糊类、模糊属性和模糊对象)。例如，一个模糊OWL 2类标识符“Employee”转换为一个模糊EER模型的实体φ(Employee)，而一个模糊对象属性标识符“placing”转换为一个模糊EER模型的联系φ(placing)。该方法将模糊OWL 2

公理对应到模糊EER模型的各种联系。例如，一个模糊的OWL 2类公理SubClassOf(Corporate-Customer，Customer)转换为一个模糊EER模型“概化/特化”关系γ_{FSG}(Customer) = Corporate-Customer。

依照3.3节所提出的规则，将图3.4中所示的模糊OWL 2本体“E-commerce”的结构转换为模糊EER模型$EER_F = \varphi(FO)$，图3.5给出该模糊EER模型的图形化表示，进一步地，图3.6给出模糊EER模型的形式化描述。同时，图3.7给出一个简单本体的实例，图3.8给出该模糊本体实例对应的模糊EER模型实例。

Class(Order partial restriction(dataReceived allValuesFrom(xsd:String) cardinality(1)) restriction(isPre-paid allValuesFrom(xsd:Boolean) cardinality(1)) restriction(μ allValuesFrom(xsd:Single)));

Class(Customer partial restriction(name allValuesFrom(xsd:String) cardinality(1)) restriction(address all-ValuesFrom(xsd:String) cardinality(1)) restriction(μ allValuesFrom(xsd:Single)));

Class(Placing partial restriction(maker allValuesFrom(Customer)) restriction(makenOrder allValuesFrom (Order) cardinality(1)) restriction(makenOrder allValuesFrom(Order) cardinality(1)) restriction(maker all-ValuesFrom(Customer)));

Class(Customer partial restriction(invof_maker allValuesFrom(Placing)))

Class(Order partial restriction(invof_makenOrder allValuesFrom(Placing) Cardinality(1)));

Class(Corporate-Customer partial Customer restriction(FUZZY-contactName allValuesFrom(xsd:String) car-dinality(1)) restriction(FUZZY-creditRating allValuesFrom(xsd:Single) cardinality(1)) restriction(FUZZY-discount allValuesFrom (xsd:Single) cardinality (1)) restriction (μ allValuesFrom (xsd:Single) cardinality (1)));

Class (Personal - Customer partial Customer restriction (restriction (creditCardNumber allValuesFrom (xsd: String) cardinality(1)));

EquivalentClasses(Customer UnionOf(Corporate-Customer Personal-Customer));

Disjointness(Corporate-Customer Personal-Customer);

Class(Employee …);

Class(Employee partial restriction(invof_saleRep allValuesFrom(Serving) minCardinality(1) maxCardinality (10)));

Class(Corporate-Customer partial restriction(invof_receiver allValuesFrom(Placing) minCardinality(1) max-Cardinality(2)));

Class(Serving partial restriction(lever allValuesFrom(xsd:String) cardinality(1)) restriction(β allValuesFrom (xsd:Single) cardinality(1)) restriction(receiver allValuesFrom(Corporate - Customer) minCardinality(1) maxCardinality (2)) restriction (saleRep allValuesFrom (Employee) minCardinality (1) maxCardinality (10)));

Class(Order - Line partial restriction(quantity allValuesFrom(xsd:Integer) cardinality(1)) restriction(line-Price allValuesFrom(xsd:Single) cardinality(1)) restriction(μ allValuesFrom(xsd:Single)));

Class(Product partial restriction(proID allValuesFrom(xsd:String) cardinality(1)) restriction(proName all-ValuesFrom(xsd:String) cardinality(1)) restriction(proPrice allValuesFrom(xsd:Single) Cardinality(1)));

Class(Supplier…);

Class(owl:Thing partial restriction (inverseOf φ(is_part_of_g_1) allValuesFrom(Order) Cardinality(1)) restriction (inverseOf φ(is_whole_of_g_1) allValuesFrom(Order-Line) minCardinality(1) maxCardinality(8)));

Class(owl:Thing partial restriction (inverseOf φ(is_part_of_g_1) allValuesFrom(Order - Line) Cardinality(1)) restriction (inverseOf φ(is_whole_of_g_1) allValuesFrom(Product) minCardinality(1) maxCardinality(20)) inverseOf φ (is_part_of_g_2) allValuesFrom (Order - Line) Cardinality (1)) restriction (inverseOf φ (is_whole_of_g_2) allValuesFrom(Supplier)));

DatatypeProperty(name domain(Customer) range(xsd:String));

ObjectProperty(makenOrder domain (Placing) range (Order));

ObjectProperty(inv_makenOrder domain (Order) range (Placing) inverseOf(makenOrder));

ObjectProperty(maker domain (Placing) range (Customer));

ObjectProperty(inv_make domain (Customer) range (Placing) inverseOf(maker));

ObjectProperty(receiver domain (Serving) range (Corporate-Customer));

ObjectProperty(inv_ receiver domain (receiver) range (Serving) inverseOf(receiver));

ObjectProperty(saleRep domain (Serving) range (Employee));

ObjectProperty(inv_saleRep domain (Employee) range (Serving) inverseOf(saleRep));

ObjectProperty(is_part_of_g_1 domain (Order-Line) range (Order));

ObjectProperty (is_whole_of_g_1 domain (Order) range (Order - Line) minCardinality (1) maxCardinality (8)));

ObjectProperty(is_part_of_g_1 domain (Product) range (Order-Line));

ObjectProperty (is_whole_of_g_1 domain (Order - Line) range (Product) minCardinality (1) maxCardinality (20)));

SubClassOf(Corporate-Customer, Customer); SubClassOf(Personal-Customer, Customer).

图3.4 一个模糊OWL 2本体的抽象语法描述

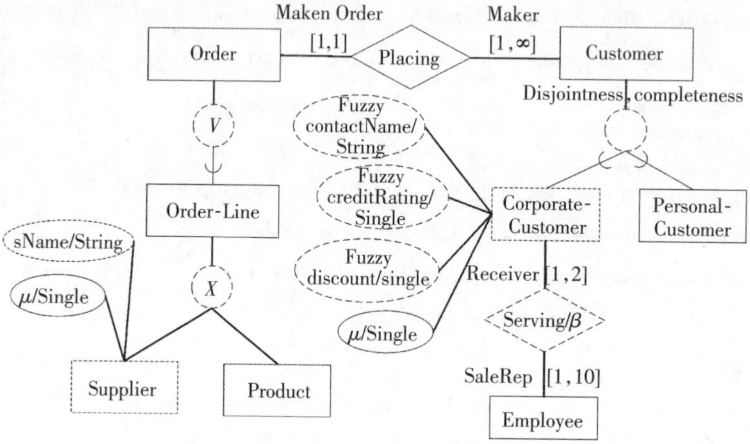

图3.5 由图3.4中的模糊OWL 2本体结构得到的模糊EER模型

依据定义3.1，对图3.5中模糊EER模型的形式化描述如下。

$EER_F = (S_F, \xi_{FEA}, \xi_{FRE}, \theta_{card}, \gamma_{FSG}, \gamma_{FAGG}, \gamma_{FCAT})$，其中

$S_F = E_F \cup A_F \cup T_F \cup R_F \cup L_F$是符号集合描述如下：

E_F = {Customer，Corporate-Customer，Personal-Customer，Employee，Order，Order-Line，Supplier，Product}

A_F = {FUZZY contactName，FUZZY creditRating，FUZZY discount，sName，μ}

T_F = {String，Single}

R_F = {Serving，Placing}

L_F = {MakenOrder，Maker，Receiver，SaleRep}

S_F上的函数/关系如下：

ξ_{FEA}(Corporate-Customer) = [FUZZY contactName : String，FUZZY creditRating: Single，FUZZY discount : Single，μ : Single]

ξ_{FEA}(Supplier)= [sName : String，μ : Single]

ξ_{FEA}(Serving) = [β : Single]

ξ_{FRE}(Serving) = [Receiver : Corporate-Customer，SaleRep : Employee]

ξ_{FRE}(Placing) = [Maker : Customer，MakenOrder : Order]

γ_{FSG}(Customer) = Corporate-Customer × Personal-Customer，其中Customer是一个超类，Corporate-Customer和Personal-Customer是其具有disjointness和completeness限制的子类

γ_{FCAT}(Order) = Order-Line

γ_{FAGG}(Order-Line) = Supplier ∪ Product，其中实体Order-Line聚集了两个实体Supplier和Product

θ_{card}(Corporate-Customer，Serving，Receiver) = (1，2)

θ_{card}(Employee，Serving，SaleRep) = (1，10)

θ_{card}(Customer，Placing，Maker) = (1，∞)

θ_{card}(Order，Placing，MakenOrder) = (1，1)

图3.6 图3.5中模糊EER模型的形式化描述

与图3.4中模糊OWL2本体对应的实例O_{FI}信息如下：

$FI = \{o_1, o_2, o_3, o_4, o_1', o_2', o\}$;

$FI_{Axiom} = \{$

DifferentIndividuals ($o_1, o_2, o_3, o_4, o_1', o_2', o$);

Individual (o_1 type(Corporate-Customer) [⋈ 0.9]);

Individual (o_2 type (Corporate-Customer) [⋈ 0.8]);

Individual (o_3 type(Personal-Customer) [⋈ 0.8]);

Individual (o_4 type(Personal-Customer) [⋈ 0.97]);

Individual (o_1 type(Customer) [⋈ 0.9]);

Individual (o_2 type (Customer) [⋈ 0.86]);

Individual (o_3 type(Customer) [⋈ 0.9]);

Individual (o_4 type(Customer) [⋈ 0.97]);

Individual (o_1' type(Employee) [⋈ 0.86]);

Individual (o_2' type(Employee) [⋈ 0.91]);

Individual (o type(Serving) [⋈0.9]);

Individual (o value (Receiver, o_1) [⋈ 0.7] value (Receiver, o_2) [⋈ 0.8] value (Salerep, o_1') value (Salerep, o_2'));

Individual (o_1 value(Fuzzy contactName, Lucy) [⋈ 0.8] value(Fuzzy contactName, John) [⋈ 0.85] value (Fuzzy creditRating, high) value(Fuzzy discount, 0.85) [⋈ 0.8] value(Fuzzy discount, 0.9) [⋈ 0.95] value(μ, 0.9) value(invof_Receiver, o) [⋈ 0.7]);

Individual (o_1' value(EmpNo, 3102019) value(EmpName, Tom) value(invof_Salerep, o) [⋈ 0.8]);

Individual (o_2' value(EmpNo, 3102031) value(EmpName, Liam) value(invof_Salerep, o) [⋈ 0.7]);

$\}$

图3.7　一个模糊OWL 2本体的实例

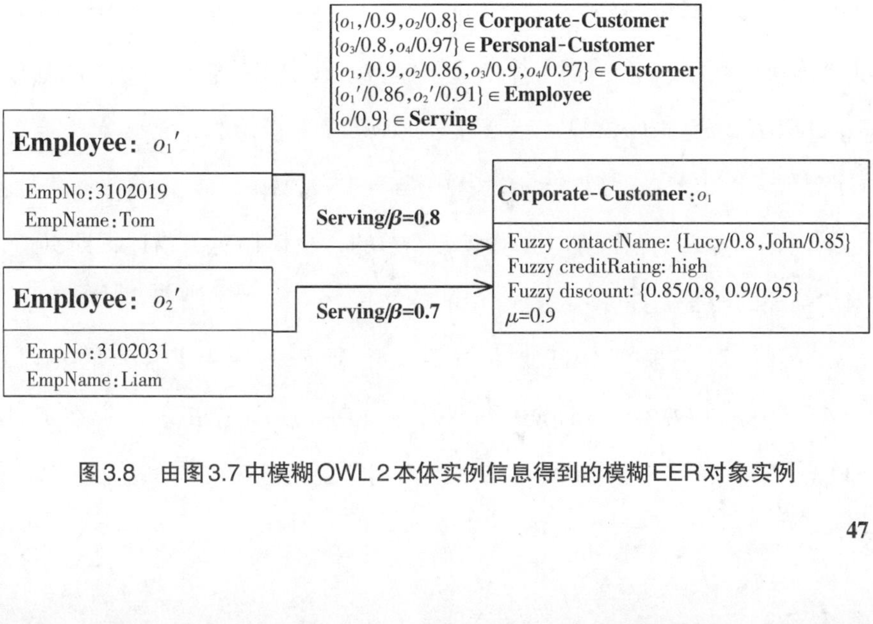

图3.8　由图3.7中模糊OWL 2本体实例信息得到的模糊EER对象实例

3.5 合理性证明

本节证明转换方法的合理性。如果能够在模糊EER模型语义和模糊OWL本体语义之间建立一个映射，得到的模糊EER模型能够保留原来OWL 2模型的语义，则说明该转换方法是正确的。如果从模糊本体得到的模糊对象实例能够满足模糊EER模型的所有约束条件，则称该模糊对象实例符合模糊EER模型的语义。因此，如果能在模糊EER模型的模糊对象状态与模糊OWL 2本体的模糊解释之间建立联系，则说明该转换方法是合理的，详见定理3.1。

定理3.1 对于每个模糊OWL 2本体FO，基于3.3节转换规则得到的模糊EER模型是$\varphi(FO)$，则存在两个映射δ和ζ：

• 对于模糊本体FO的每个模糊解释FI，存在映射δ，使得$\delta(FI)$是满足$\mathscr{F}\mathscr{B}$约束的合法模糊EER模型$\varphi(FO)$的模糊对象描述。

• 对于模糊EER模型$\varphi(FO)$的每个合法模糊对象描述$\mathscr{F}\mathscr{B}$，存在一个映射ζ，使得$\zeta(\mathscr{F}\mathscr{B})$是满足$FI$条件的合法模糊本体模型$FO$。

证明：对于模糊本体FO的模糊解释FI，通过映射可以获得模糊EER模型$\varphi(FO)$的对象描述$\delta(FI) \subseteq \mathscr{F}\mathscr{B}$。模糊EER模型$\varphi(FO)$的模糊对象描述$\delta(FI)$的元素域$\Delta^{\delta(FI)}$由模糊解释$FI$的值$\Delta^{FI}$组成；模糊EER模型函数集$\bullet^{\delta(FI)}$由模糊解释的$\bullet^{FI}$构成。给出一个模糊本体语义解释$FI$，其中包括符号$X \in FOP_0 \cup FDP_0 \cup FC_0 \cup FDT_0 \cup FP_C$，$(\varphi(X))^{\delta(FI)} = X^{FI}$，关系$(\varphi(FI))^{\delta(FI)} = \{<r, e_i> \in \Delta^{\delta(FI)} \in \Delta^{\delta(FI)} \mid r \in FR^{\mathscr{F}\mathscr{B}} \wedge e_i \in FE_i^{\mathscr{F}\mathscr{B}} \wedge r[FR_i] = e_i\}$，其中$i \in \{1, \cdots, k\}$。

下面证明$\delta(FI)$是模糊EER模型$\varphi(FO)$的合法模糊对象描述，即$\delta(FI)$满足对象描述的所有条件(即定义3.3中的条件)。

Case 1：对于模糊OWL 2本体语义解释FI，如果FC_0满足公理$\xi_{FEA}(\varphi(FC_0)) \rightarrow [\varphi(FDP_{01}) : \varphi(FDR_{01}), \cdots, \varphi(FDP_{0n}) : \varphi(FDR_{0n})]$，存在实例$e \in (\varphi(FC_0))^{\delta(FI)}$，由$\delta(FI)$的定义可知$e \in (FC_0)^{FI}$。由定义3.3可知至少存在一个

元素$a_i \in (\varphi(FDP_{0i}))^{\delta(FI)}$使得它的第一部分是$e$，第二部分是$t_i \in (\varphi(FDR_{0i}))^{\delta(FI)}$，即$a_i = \lt e, t_i \gt$。根据$\delta(FI)$的定义$a_i \in (\varphi(FDP_{0i}))^{\delta(FI)} = FA_i^{\mathcal{FB}}$，$t_i \in (\varphi(FDR_{0i}))^{\delta(FI)} = FT_i^{\mathcal{FB}}$，以及定义3.2可知模糊属性$FA \in A_F$是一个映射集，$FA^{\mathcal{FB}} \subseteq \Delta^{\mathcal{FB}} \times \bigcup_{FT \in T_F} FT^{FB}$。基于以上描述可知至少存在一个元素$\lt e, t_i \gt \in a_i$使得$(\varphi(FDP_{0i}))^{\delta(FI)} \subseteq (\varphi(FC_0))^{\delta(FI)} \times (\varphi(FDR_{0i}))^{\delta(FI)}$，即$FA_i^{FB} \subseteq FE^{FB} \times \bigcup_{FT_i \in T_F} FT_i^{FB}$，因此，$\delta(FI)$满足定义3.3中第一种状态$\xi_{\mathcal{F}\mathrm{EA}}$()。

Case 2：对于模糊OWL 2本体语义解释FI，如果模糊本体属性FP_C满足公理$\xi_{\mathcal{F}\mathrm{RE}}(\varphi(FP_C)) \rightarrow [\varphi(FOP_{01}) : \varphi(FC_{01}), \cdots, \varphi(FOP_{0n}) : \varphi(FC_{0n})]$，则存在实例角色$\varphi(FOP_{0i})$满足基数限制$\theta_{\mathrm{card}}(\varphi(FC_{0i}), \varphi(FP_C), \varphi(FOP_{0i})) = (\theta_{\min}(\varphi(FC_{0i}), \varphi(FP_C), \varphi(FOP_{0i})), \theta_{\max}(\varphi(FC_{0i}), \varphi(FP_C), \varphi(FOP_{0i})))$。给定一个关系实例$r \in (FP_C)^{FI}$，由$\delta(FI)$的定义可知$r \in (\varphi(FP_C))^{\delta(FI)}$。进一步地，由定义3.3可知$FR$实例$r$形如$[L_1 : e_1, \cdots, L_k : e_k]$，其中$L_i \in (\varphi(FOP_{0i}))^{\delta(FI)}$，$e_i \in (\varphi(FC_{0i}))^{\delta(FI)}$，$(\varphi(FOP_{0i}))^{\delta(FI)} = \{\lt r, e_i \gt \in \Delta^{\delta(FI)} \times \Delta^{\delta(FI)} \mid r \in (\varphi(FP_C))^{\delta(FI)} \wedge e_i \in (\varphi(FC_{0i}))^{\delta(FI)} \wedge r[\varphi(FOP_{0i})] = e_i\}$，$(\varphi(FOP_{0i}))^{\delta(FI)} \subseteq (\varphi(FP_C))^{\delta(FI)} \times (\varphi(FC_{0i}))^{\delta(FI)}$，即$(\varphi(FOP_{0i}))^{\delta(FI)} \subseteq FP_C^{FI} \times FC_{0i}^{FI}$。另外$v_i = \mathrm{invof}_\varphi(FOP_{0i})$表示模糊角色$\varphi(FOP_{0i})$的逆属性，即$v_i^{\delta(FI)} = ((\varphi(FOP_{0i}))^{\delta(FI)})^- \in (\varphi(FC_{0i}))^{\delta(FI)} \times (\varphi(FP_C))^{\delta(FI)}$，由定义3.3可知，$\theta_{\min}(FE_i, FR, L_i) \leqslant \#\{r \in FR^{\mathcal{FB}} \mid r[L] = e\} \leqslant \theta_{\max}(FE_i, FR, L_i)$和$\delta(FI)$的定义，$(\varphi(FC_{0i}))^{\delta(FI)} \subseteq \{e_i \mid \theta_{\min}(\varphi(FOP_{0i}), \varphi(FP_C), \varphi(FOP_{0i})) \leqslant \#\{r \in (\varphi(FP_C))^{\delta(FI)} \mid \lt r, e_i \gt \in (\varphi(FOP_{0i}))^{\delta(FI)}\} \leqslant \theta_{\max}(\varphi(FOP_{0i}), \varphi(FP_C), \varphi(FOP_{0i}))\}$，因此，$\delta(FI)$满足定义3.3中$\xi_{\mathcal{F}\mathrm{RE}}$和$\theta_{\mathrm{card}}$。

Case 3：对于模糊OWL 2本体语义解释FI，如果存在$FC_0 \subseteq FC_{0i}$，则有$FC_0^{FI} \subseteq FC_{0i}^{FI}$，由定义$\delta(FI)$可以得到$\varphi(FC_0)^{\delta(FI)} \subseteq (\varphi(FC_{0i}))^{\delta(FI)}$。其中，$i \in \{1, \cdots, q\}$，也可以记为$\varphi(FC_0)^{\delta(FI)} \subseteq (\varphi(FC_{0i}))^{\delta(FI)} \cup \cdots \cup (\varphi(FC_{0q}))^{\delta(FI)}$，由$\delta(FI)$的定义可以得到$\varphi(FC_0)^{\delta(FI)} \subseteq (\varphi(FC_{0i}))^{\delta(FI)} \cup \cdots \cup (\varphi(FC_{0q}))^{\delta(FI)}$。即$\varphi(FC_0)$满

足定义3.3模糊EER模型的范畴定义γ_{FCAT}，即$\gamma_{FCAT}(\varphi(FC_0))=\varphi(FC_{01})\cup\varphi(FC_{02})\cup\cdots\cup\varphi(FC_{0n})$，同理，可以证明$\delta(FI)$满足聚集聚合$\gamma_{FAGG}$。

Case 4：对于模糊的OWL 2本体语义解释FI，如果存在$FC_{0i}^{FI}\subseteq FC_0^{FI}$，其中$i\in\{1,\cdots,p\}$，则根据模糊对象$\delta(FI)$的定义有$\varphi(FC_{0i})^{\delta(FI)}\subseteq(\varphi(FC_0))^{\delta(FI)}$；同理如果存在$FC_0^{FI}=FC_{01}^{FI}\cup\cdots\cup FC_{0p}^{FI}$和$FC_{0i}^{FI}\cap FC_{0j}^{FI}=\varnothing$，其中$i,j\in\{1,\cdots,p\}$，$i\neq j$。根据$\delta(FI)$的定义可推出$(\varphi(FC_0))^{\delta(FI)}=\varphi(FC_{01})^{\delta(FI)}\cup\cdots\cup\varphi(FC_{0p})^{\delta(FI)}$和$\varphi(FC_{0i})^{\delta(FI)}\cap\varphi(FC_{0j})^{\delta(FI)}=\varnothing$，那么，该公理满足定义3.3中模糊概化/特化并存在约束“disjointness”和“completeness”，即$\gamma_{FSG}(\varphi(FC_0))=\varphi(FC_{01})\times\varphi(FC_{02})\times\cdots\times\varphi(FC_{0p})$，因此，$\delta(FI)$满足定义3.3中概化/特化$\gamma_{FSG}$。

Case 5：对于模糊OWL 2本体语义解释FI，如果存在$u,v\in FC_0\cup FR_C$，其中$u\neq v$，则$u^{FI}\cap v^{FI}=\varnothing$，根据模糊对象$\delta(FI)$的定义有$\varphi(u)^{\delta(FI)}\cap(\varphi(v))^{\delta(FI)}=\varnothing$，由定义3.3可知如果$\varphi(u)\in\varphi(FR_C)\subseteq FR\in R_F$，$\varphi(u)$存在形如$[L_1:e_1,\cdots,L_k:e_k]$，其中$L_i\in L_i^{\mathcal{FB}}$，$e_i\in FE_i^{\mathcal{FB}}$，$i\in\{1,\cdots,k\}$。对于$\varphi(u_i)\in\varphi(u_i)^{\delta(FI)}$有$\varphi(u_i)=[L_1:e_1,\cdots,L_k:e_k]$，$\varphi(v_i)\in\varphi(v_i)^{\delta(FI)}$有$\varphi(v_i)=[L'_1:e'_1,\cdots,L'_k:e'_k]$，其中$L_k$，$L'_k\in L_F$，由定义3.1可知每一个角色对应一个模糊关系，即$[L_1,\cdots,L_k]\neq[L'_1,\cdots,L'_k]$，$\varphi(u)^{\delta(FI)}\neq(\varphi(v))^{\delta(FI)}$，因此，$\delta(FI)$满足定义3.3中的角色转换约束。

对于每个模糊对象状态描述$\mathcal{FB}$，存在映射$\alpha_F:FI\to\mathcal{FB}$，使得$\mathcal{FB}=\delta(FI)$是模糊EER模型$\varphi(FO)$的对象状态，因此，说明从模糊OWL 2本体到模糊EER模型的转换映射过程是语义保留的。以上证明了定理3.1的第一部分，定理3.1的第二部分与第一部分是互逆的过程，因此，第二部分证明可以根据第一部分类似得到。

3.6 本章小结

EER模型能够表达现实世界中实体与属性之间的复杂关系，而现实世界中信息往往是不精确的和不确定的。为了表达这些模糊实体及关系，许多学者基于模糊集和可能性理论对EER模型进行模糊扩展，并提出了模糊EER模型。本章在分析模糊EER模型的基础上，给出了模糊EER模型的形式化定义，之后，给出了一种在结构和实例层次上分别将模糊OWL 2本体转化为模糊EER模型的形式化方法，并给出了一个转换实例来解释所提出的方法，最后证明了该变换方法的正确性。

需要指出的是，本体基于概念数据模型再工程的实现方法和最终结果与所使用的具体概念数据模型类型密切相关。概念数据模型有多种类型，多种类型概念数据模型同时存在并被使用的主要原因在于：一方面，不同类型概念数据模型具有不同的建模能力，适用于不同的应用场景；另一方面，不同用户有各自熟悉和习惯使用的概念数据模型类型，多种类型概念数据模型的存在可方便用户选择与使用。本章给出了基于模糊EER模型的模糊本体再工程的方法，下一章将提出基于模糊UML类图模型的模糊本体再工程方法。

第4章 基于模糊UML类图模型的模糊OWL 2本体再工程

统一建模语言(unified modeling language，UML)是近年来大量使用的一种具有很强表达能力的建模语言，已被广泛用于软件工程、知识工程及数据库等众多领域，特别是UML类图模型已被用于数据库建模和用作本体再工程的目标模型。与EER模型相比，UML类图模型提供了EER模型中所不具备的动态属性(方法)和聚合关系。近年来，为了建模模糊信息，研究者提出了模糊UML类图模型。模糊UML类图模型现已成为一个建模模糊信息的重要概念模型，这为模糊本体基于模糊UML类图模型的再工程提供了一条有效的途径。模糊OWL 2本体到模糊UML类图模型的再工程将有助于模糊OWL 2本体基于模糊UML类图模型的重用和集成，便于熟悉UML类图模型的用户使用。为此，本章研究基于模糊UML类图模型的模糊OWL 2本体再工程方法。

本章4.1节是引言部分；4.2节详细描述模糊UML类图的形式化定义；4.3节提出模糊OWL 2本体到模糊UML类图模型的转换方法；4.4节给出一个模糊OWL 2本体到模糊UML类图模型的转换实例，并对其进行分析；4.5节给出该转换方法的合理性证明；4.6节为本章小结。

4.1 引言

UML [104] 是一种面向对象的标准化建模语言，可以描述系统的静态结构和动态行为。其中，静态结构定义了系统中的重要对象的属性和操作及这些对象之间的相互关系；动态行为定义了对象的时间特性和对象为完成目标而相互进行通信的机制。目前，UML建模语言已经成为软件工程、人工智能、知识工程等领域建模语言的工业标准。随着本体广泛应用，UML类图模型开始应用于本体的再工程[28-29]。

为了使得UML数据模型能够表示现实世界中广泛存在的模糊信息，研究者们对UML进行了模糊化扩展，提出了模糊UML数据模型[22, 75-77]。与第3章提到的模糊EER模型相比，模糊UML数据模型不仅能表示模糊类、模糊关联、模糊概化，以及类与关联的属性，还可以表示模糊聚集及模糊依赖关系等复杂语义关系。随着模糊本体的不断发展，以及对模糊本体再工程技术的不断需求，研究基于模糊UML模型支持的模糊本体再工程问题能够为模糊本体的重用和集成提供一条可行的途径。

本章研究基于模糊UML类图模型的模糊本体再工程方法。首先，给出了模糊UML类图模型的形式化定义和语义解释；在此基础上，提出了模糊OWL 2本体到模糊UML类图模型的形式化再工程转换方法；并给出了一个转换实例来解释所提出的方法，最后证明了转换方法的正确性。

4.2　模糊UML类图模型

模糊UML类图模型是基于模糊集的UML类图模型的模糊化扩展模型。基于文献［22］、［75-77］，下面介绍模糊UML类图模型的一些基本概念。

(1)模糊对象和模糊类(fuzzy object and class)

对象用于描述现实世界中的实体，从形式上来说，一个模糊对象至少有一个模糊属性，即该属性的值是一个模糊集合或一个模糊对象。模糊类由具有相同结构和相同行为的模糊对象组成。

理论上讲，可以从两个方面看待类。外延类，通过一系列对象实例(简称实例或对象)定义的类；内涵类，通过一组属性和属性允许的值定义的类。一个类是模糊类可能有多方面的原因。其一，一些对象实例是模糊对象实例，它们具有类似的特性，由这些对象实例定义的类可能是模糊的，而这些对象实例属于该类且带有介于［0，1］的隶属度；其二，当一个类被内涵定义的时候，属性域可能是模糊的，因而形成了模糊类；其三，由一个模糊类通过特化产生的子类及由一些类（其中至少有一个模糊类）通过概化产生的超类也是模糊的。因此，在模糊UML类图模型中存在三个级别的模糊性：第一级别的模糊性是类属于数据模型程度的模糊性，以及类的内容(以属性的形式)方面的模糊性；第二个级别的模糊性与一些对象实例是否一类的对象实例相关；第三个级别的模糊性出现在对象实例的属性上。

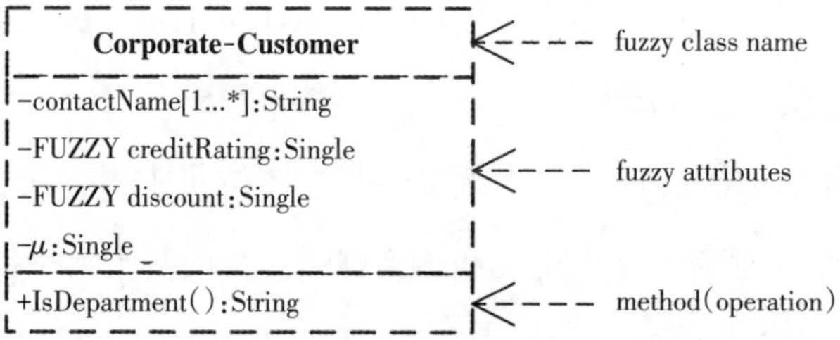

图4.1　模糊UML类图模型中一个模糊类Corporate-Customer

图4.1给出了一个模糊UML类图模型中的模糊类“Corporate-Customer”，其中，虚线矩形轮廓用来区分模糊类和经典类。从图4.1可以看出：

• 类中的附加属性$\mu \in [0, 1]$表示对象实例属于类的隶属度；

• 属性前面引入一个关键字FUZZY表示该属性具有模糊值；

• 多重性［1 ... *］表示类“Corporate-Customer”的每个实例至少有一个属性“contactName”（默认多重性是［1...1］，表示该属性是强制性的和单值的）。

(2)模糊概化(fuzzy generalization)

模糊UML类图模型的概化表示超类和子类之间的关系，其中子类继承超类的所有属性和方法，重写了超类的一些属性和方法；同时，定义了一些新的属性和方法。如果一个子类是由模糊超类生成的，则子类必须是模糊类。由多个模糊概化可以形成一个类的层次结构，同时可以在类层次结构上加上可选的“disjointness”和“completeness”约束。“disjointness”约束表示所有的具体类是相互分离的，“completeness”约束表示超类完全由这些子类组成。图4.2给出由三角虚线箭头表示的模糊泛化关系的“disjointness”和“completeness”约束关系。

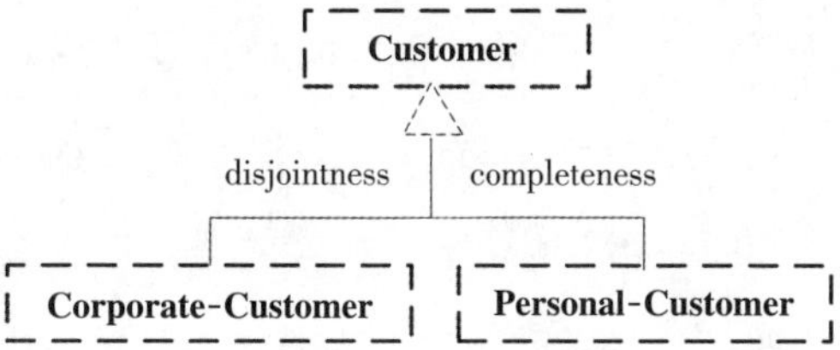

图4.2　模糊UML类图模型中一个模糊概化关系

(3)模糊聚合(fuzzy aggregation)

聚合是一种二元关系，描述了一个聚集体和几个组成体之间的整体—部分关系，其中组成体可以独立存在。聚合类的组成体是模糊的，那么聚合类一定是模糊的。图4.3给出一个UML类图模型的模糊聚合关系，其中聚合类“Order-Line”是由“Supplier”和“Product”组成的。由于聚合类“Order-Line”的组成体“Supplier”是模糊的，该聚合类也一定是模糊的。通常模糊的聚合关系由虚线菱形表示，多重性是指定聚集类中组成体的数量，$[m_i, n_i]$表示聚合类至少包含m_i个且最多包含n_i个组成体。如图4.3所示，聚合类“Order-Line”包含至少一个或多个“Product”。

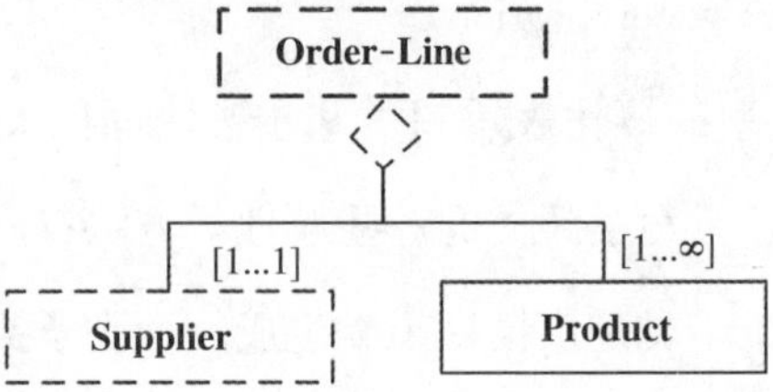

图4.3　模糊UML类图模型中一个模糊聚合关系

(4)模糊关联(fuzzy association)

关联关系表示两个或多个类之间的二元关系。对于包含第二级别模糊性的类，类实例属于给定的类，具有隶属度，由此会出现这样的情况：有可能并不确切地知道两个分别属于关联类的实例之间是否存在给定的关联关系。如图4.4中一个模糊关联关系“Serving”，这里“Employee”的一个实例和“Corporate-Customer”的一个实例属于其相应的类，带有隶属度，因此，这两个实例之间有一个带隶属度的关联关系。在模糊关联关系中，有两个层次的模糊性，即对象层次的模糊性和类层次的模糊性。在模糊UML类图模型中引入符号β表示模糊关联关系的隶属度，其中，模糊关联类由带箭头的单线条连接，由虚线和模糊关联类连接。在图4.4中：“Lever”是关联类“Serving”的一个属性，表示“Employee”为“Corporate-Customer”提供服务的级别。

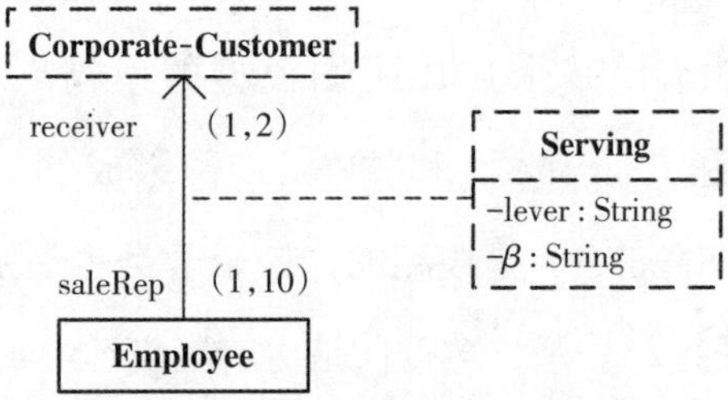

图4.4　模糊UML类图模型中一个模糊关联关系

• 符号β表示模糊类之间存在模糊关联的程度。

• 角色表示参与类在模糊关联关系中的作用。例如，“receiver”和“salRep”分别是“Corporate-Customer”和“Employee”类的角色名称，如图4.4所示。

• 关联关系的基数限制(m，n)约束了指定类的每个实例可以参与关联的次数。例如，在图4.4中，(1，2)和(1，10)表示每个“Employee”可以为至少1个最多10个“Corporate-Customer”提供服务，而每个“Corporate-Customer”可以接收至少1个最多2个“Employee”提供的服务。

(5)模糊依赖(fuzzy dependency)

依赖关系表示目标类(target class)依赖于源类(source class)而存在，而模糊依赖关系表示在类的级别上可能是带有隶属度的模糊依赖关系，这样的隶属度可以由设计者明确表示，也可以基于目标类由源类决定这样的事实，或由源类隐式地暗示出来。图4.5给出了类“Employee Dependent”和类“Employee”之间的依赖关系，该依赖关系是一个可能度为$\eta \in [0, 1]$的模糊依赖关系。通常用带箭头的虚线表示依赖关系中的模糊性。

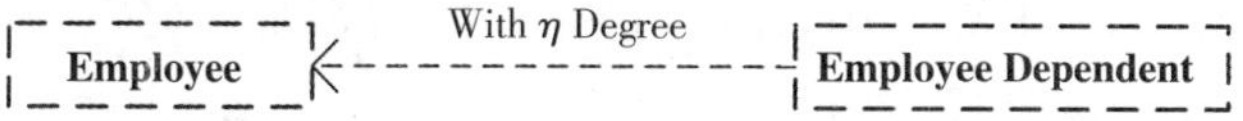

图4.5　模糊UML类图模型中一个模糊依赖关系

基于上面介绍的模糊UML类图模型，下面进一步给出模糊UML类图模型的形式化定义，以便后续建立模糊OWL 2本体和模糊UML类图模型之间的对应关系。

定义4.1　对于有限集X和Y，存在一个从X的子集到Y的函数，即用X来标识Y。元组T是从$x_i \in X$映射到$y_i \in Y$的映射，表示为$[x_1 : y_1, \cdots, x_k : y_k]$，记为$y_i = T[x_i]$，其中$i \in \{1, \cdots, k\}$。

定义4.2（模糊UML类图模型） 一个模糊UML类图模型可以表示为一个十元组$U_F=(L_F, \leqslant_F, att_F, ass_F, agg_F, dep_F, card_F, mult_F, mult'_F)$，其中$L_F=O_F \cup A_F \cup M_F \cup T_F \cup C_F \cup H_F \cup G_F \cup D_F \cup S_F \cup R_F$是一个有限字符集合，符号$O_F$表示模糊对象集，$A_F$表示模糊属性集(即静态属性集)，$M_F$表示模糊方法集(即动态属性集)，$T_F$表示数据类型集，$C_F$表示模糊类集，$H_F$表示模糊层次集，$G_F$表示模糊聚合集，$D_F$表示模糊依赖集，$S_F$表示模糊关联集，$R_F$表示角色集。

①$\leqslant_F(C_F)$是一个超类C_F和若干子类C_{F1}，…，C_{Fn}之间的二元模糊关系，即$\leqslant_F(C_F)=C_{F1}\times C_{F2}\times\cdots\times C_{Fn}$。另外，在层次关系中可能存在一个可选的约束(disjointness，completeness)。

②att_F是一个类符号C_F到A_F-标记的元组T_F的映射函数，即$att_F(C_F)\rightarrow[A_{F1}: T_{F1}, \cdots, A_{Fn}: T_{Fn}]$，该函数用来表示一个类的属性。

③ass_F是一个关联符号S_F到R_F-标记的元组C_F的映射函数，即$ass_F(S_F)=[R_{F1}: C_{F1}, \cdots, R_{Fn}: C_{Fn}]$。该函数将每个关联的角色联合起来，从而隐含地确定关联关系：

• 每个角色只特定参与一个模糊关联类，也就是说，对于两个关联SF，$SF'\in S_F(SF\neq SF')$，即$\{R_{F1}, \cdots, R_{Fk}\}\cap\{R_{F1}', \cdots, R_{Fk}'\}=\varnothing$，如果$ass_F(SF)=[R_{F1}: C_{F1}, \cdots, R_{Fk}: C_{Fk}]$和$ass_F(SF')=[R_{F1}': C_{F1}', \cdots, R_{Fk}': C_{Fk}']$，则存在角色$R_{Fi}$，$R_{Fi}'\in R_F$和模糊类$C_{Fi}$，$C_{Fi}'\in C_F(i\in\{1, \cdots, k\})$。

• 对于每个角色$RF\in R_F$，存在模糊关联$SF\in S_F$和类$CF\in C_F$，如$ass_F(SF)=[\cdots, RF: CF, \cdots]$。

④agg_F是聚合体C_F和它的组成体C_{Fi}之间的模糊关系，即$agg_F=C_F\times(C_{F1}\cup C_{F2}\cup\cdots\cup C_{Fn})$，其中$i\in\{1, \cdots, n\}$。

⑤$dep_F\subseteq C_{F1}\times C_{F2}$是类之间的依赖关系，表示源类$C_{F1}$和目标类$C_{F2}$之间的依赖关系。

⑥$card_F$是一个从$C_F\times S_F\times R_F$映射到$N_0\times(N_0\cup\{\infty\})$的函数，其中$N_0$表示非负

整数。对于一个模糊关联$S \in S_F$，即$ass_F(S_F) = [R_{F1}: C_{F1}, \cdots, R_{Fk}: C_{Fk}]$，存在$card_F(C_{Fi}, S_F, R_{Fi}) = (card_{Fmin}(C_{Fi}, S_F, R_{Fi}), card_{Fmax}(C_{Fi}, S_F, R_{Fi}))$。其中，$card_F$表示模糊类的对象实例通过特定角色参与模糊关联的基数约束的最小和最大次数。如果没有特殊说明，$card_{Fmin}(C_{Fi}, S_F, R_{Fi})$默认是0，$card_{Fmax}(C_{Fi}, S_F, R_{Fi})$默认是∞。

⑦$mult_F$是一个从$T_F \times C_F \times A_F$映射到$N_0 \times N_1 \cup \{\infty\})$的函数，其中$N_0$是非负整数，$N_1$是正整数。该函数用于指定多重性（例如，表示模糊类的对象实例通过某些特定角色参与模糊关联时的最小和最大基数限制，或者限制数据类型的数据范围对于类的属性赋值）。第一部分$mult_{Fmin}$描述$mult_F$的下确界，第二部分$mult_{Fmax}$描述$mult_F$的上确界。如果在类图中多重性只有单个值，则认为下确界和上确界是相同的。如果多重性没有明确说明，对于角色来说$mult_{Fmin}$为0，$mult_{Fmax}$为∞，对于属性$mult_{Fmin}$和$mult_{Fmax}$均为1。

⑧$mult'_F$是从$C_F \times C_F$映射到$N_0 \times (N_0 \cup \{\infty\})$的函数，该函数用来表示多重性，描述一个模糊类的对象实例通过某些特定角色参与模糊关联的最小和最大基数限制。给出一个聚合$agg_F = C_F \times (C_{F1} \cup C_{F2} \cup \cdots \cup C_{Fn})$，其中$C_F$是一个聚集体，$C_{Fi} \in C_F (i \in \{1, \cdots, n\})$是组成体，$mult'_F(C_{Fi}, C_F) = (mult'_{Fmin}(C_{Fi}, C_F), mult'_{Fmax}(C_{Fi}, C_F))$。如果没有特别说明，则认为$mult'_{Fmin}(C_{Fi}, C_F)$为0，$mult'_{Fmax}(C_{Fi}, C_F)$为∞。

基于上述模糊UML类图模型的定义，下面来描述模糊UML类图模型的语义解释。由于模糊UML类图模型的结构与模糊对象一致，所以可以用模糊对象的状态来表示模糊UML类图模型的语义[22, 75-77]。

定义4.3　模糊UML类图模型U_F的模糊对象状态描述BF是由非空有限集合Δ^{BF}和函数集$\cdot^{BF}$组成：

①每个域符号$TF \in T_F$被映射到域集合$TF^{BF} \in T_F^{BF}$，其中T_F^{BF}是域的集合。对于非模糊属性，其域是一个基本类型，如整数、实数或字符串；对于一个模

糊属性，其域是一个模糊集合或一个可能性分布。

②每个模糊类 $CF \in C_F$ 被映射为一个隶属度函数 $CF^{BF}: \Delta^{BF} \to [0, 1]$。每个模糊类 CF_i 对应于可能性分布 $\{o_1/\mu_1, \cdots, o_n/\mu_n\}$，其中 o_i 是属于 CF 描述现实世界对象的标识符，隶属度 μ_i 描述对象 o_i 属于模糊 CF 类的程度。

③每个模糊属性 $AF \in A_F$ 或者 M_F 都与一个集合 $AF^{BF} \subseteq \Delta^{BF} \times \bigcup_{TF \in T_F} TF^{BF}$ 相关联。

④每个模糊关联 $SF \in S_F$ 与 Δ^{BF} 上的 R_F-标记的元组集合 SF^{BF} 相关联，即 $SF^{BF} \subseteq T(RF, \Delta^{BF})$。

元素 CF^{BF}，AF^{BF} 和 SF^{BF} 分别是 C_F，A_F 和 S_F 各自的实例。如果模糊对象满足模糊UML类图模型的所有完整性约束条件，则认为该模糊对象是合法的UML类图模型，因此，可以通过合法模糊对象描述来定义模糊UML类图模型。

定义4.4 一个模糊对象状态BF是合法的，当且仅当以下条件成立。

①对于每一对模糊类别 C_{F1}，$C_{F2} \in C_F$，如果 $\leqslant_F(C_{F2}) = C_{F1}$，则有 $C_{F2}{}^{BF} \subseteq C_{F2}{}^{BF}$。

②对于每个模糊层次关系 $\leqslant_F(CF) = C_{F1} \times C_{F2} \times \cdots \times C_{Fn}$，其中 $C_{Fi}{}^{BF} \subseteq CF^{BF}$，如果存在“disjointness”和“completeness”约束，则有 $CF^{BF} = C_{F1}{}^{FB} \cup \cdots \cup C_{Fn}{}^{FB}$ 和 $C_{Fi}{}^{FB} \cap C_{Fj}{}^{FB} = \varnothing\ (i \neq j,\ i,\ j \in \{1, \cdots, n\})$。

③对于每个模糊类 $CF \in C_F$，如果 $att_F(CF) = [A_{F1} : T_{F1}, \cdots, A_{Fn} : T_{Fn}]$ 和每个实例 $c \in CF^{BF}\ (i \in \{1, \cdots, n\})$，则有：至少存在一个元素 $a_i \in A_{Fi}{}^{BF}$，它的第一部分是 c，第二部分是元素 $t_i \in T_{Fi}{}^{BF}$；$mult_{min}(t_i, c, a_i) \leqslant \#\{c \in CF^{BF} \mid c[a_i] = t_i\} \leqslant mult_{max}(t_i, c, a_i)$，其中 # {}表示集合{}的基数。

④对于每一个模糊聚合 $GF \in G_F$，即 $agg_F(GF) = C_F \times (C_{F1} \cup C_{F2} \cup \cdots \cup C_{Fm})$，则有 $mult'_{min}(c_i, c) \leqslant \#\{c \in C_F{}^{BF} \mid c[GF] = c_i\} \leqslant mult'_{max}(c_i, c)$，这里 $c \in C_F{}^{BF}$，$c_i \in C_{Fi}{}^{BF}\ (i \in \{1, \cdots, m\})$，其中 # {}表示集合{}的基数。

⑤对于每一对模糊类 C_{F1}，$C_{F2} \in C_F$，存在 $dep_F \subseteq C_{F1} \times C_{F2}$，如果 $C_{F1}{}^{FB} = \varnothing$，则 $C_{F2}{}^{FB} = \varnothing$。

⑥对于每个模糊关联 $SF \in S_F$，使得 $ass_F(SF) = [R_{F1}: C_{F1}, \cdots, R_{Fk}: C_{Fk}]$，$SF$ 的所有实例都形如 $[r_1: c_1, \cdots, r_k: c_k]$ 的形式，其中 $r_i \in R_{Fi}^{BF}$，$c_i \in C_{Fi}^{BF}$ $(i \in \{1, \cdots, k\})$。

⑦对于每个模糊关联 $SF \in S_F$，$ass_F(SF) = [\cdots, R_F: C_F, \cdots]$，存在 $card_{min}(C_F, SF, R_F) \leqslant \#\{s \in SF^{BF} \mid s[R_F] = c\} \leqslant card_{max}(C_F, SF, R_F)$，对于每一个实例 $c \in C_F^{BF}$，其中 # {}表示集合{}的基数。

4.3　模糊本体到模糊UML类图模型的转换

本节提出模糊OWL 2本体到模糊UML类图模型的再工程[137]形式化方法，在结构和实例层面上给出详细的转换规则。

4.3.1　模糊OWL 2本体结构到模糊UML模型的转换

表4.1首先给出模糊OWL 2本体和模糊UML类图模型之间的对应关系，进而给后续的再工程转换过程提供基础。

表4.1　模糊OWL 2本体和模糊UML类图模型的对应关系

模糊OWL 2本体	模糊UML类图模型
Class	Class
DatatypeProperty	Attribute
ObjectProperty	Association
Class and ObjectProperties	Association Class
subClassOf	Generalization between Classes
subPropertyOf	Generalization between Associations
Cardinalities	Multiplicities
UnionOf	Generalization
IntersectionOf	
ComplementOf	

表4.1(续)

模糊OWL 2本体	模糊UML类图模型
InverseOf	AssociationEnd isNavigable
TransitiveProperty	
SymmetricProperty	
OneOf (class definition by enumeration)	Object
ObjectProperty value constraint “allValuesFrom”	AssociationEnd participant
ObjectProperty value constraint “someValuesFrom”	
ObjectProperty value constraint “hasValue”	AssociationEnd changeability
DatatypeProperty value constraint “allValuesFrom”	Attribute typedFeature
DatatypeProperty value constraint “someValuesFrom”	
DatatypeProperty constraint “hasValue”	Attribute changeability and initial value
EquivalentClass	Mutual generalization
DisjointWith	
EquivalentProperty	
FunctionalProperty	Multiplicity constraint
SameAs	
DifferentFrom	
AllDifferent	

给定一个模糊OWL 2本体模型$FO=(FC_O, FI_O, FP_C, FR_C, FH_C, FDT_O, FDP_O, FOP_O, FO_{Axiom})$，利用如下映射函数$\varphi$，可以将$FO$再工程转化为模糊UML类图模型$U_F=\varphi(FO)=(L_F, \preccurlyeq_F, att_F, ass_F, agg_F, gene_F, dep_F, card_F, mult_F, mult'_F)$。

规则4.1 每个模糊OWL 2本体类别标识符FC_O被映射为模糊UML类C_F，即$C_F=\varphi(FC_O)$。

例如，模糊OWL 2本体类描述“Corporate-Customer”可转换到如图4.6所示的模糊UML类。

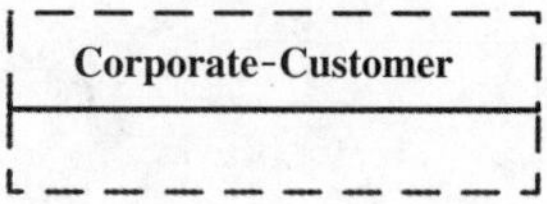

图4.6　与模糊OWL 2类对应的模糊UML类

规则4.2　模糊OWL 2本体类属性集FP_C映射到对应模糊UML类图模型的一组属性A_F，即$\varphi(FP_C) \in A_F$。

例如，模糊本体类属性描述Class（Corporate - Customer partial Customer restriction（FUZZY - contactName…）restriction（FUZZY - creditRating…）restriction（FUZZY-discount …）restriction（μ …））映射到模糊UML类属性，如图4.7所示。

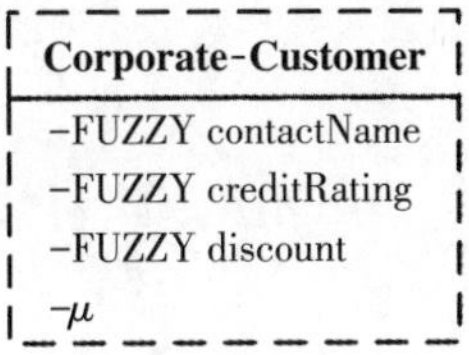

图4.7　与模糊OWL 2本体类属性对应的模糊UML类属性

规则 4.3　模糊本体的非分类关系FR_C转换到模糊UML类图模型中的如下情形：具有定义域和值域的概念关系可以转换到模糊UML的S_F，即$\varphi(FR_C) \in S_F$；具有定义域的模糊关联关系对应到模糊UML的类$\varphi(FR_C) \in C_F$；具有值域的对应到UML的标记类；具有局部名称关系的对应到模糊UML目标类；"part-whole"关系对应到模糊UML聚合关系，即$\varphi(FR_C) \in G_F$。

规则4.4　模糊OWL 2本体数据类型定义FDR_O映射到模糊UML类图模型的数据类型T_F，即$\varphi(FDR_O) \in T_F$。

规则4.5　模糊本体OWL 2数据类型属性FDP_O映射到模糊UML模型的类属性或关联类属性A_L，即$\varphi(FDP_O) \in A_L$。模糊OWL 2数据类型属性利用XML Schema数据类型来定义，对应到模糊UML属性的相应数据类型。

例如，模糊OWL类描述Class（Corporate-Customer partial Customer）restriction（FUZZY - contactName allValuesFrom（xsd:String）cardinality（1））restriction（FUZZY - creditRating allValuesFrom（xsd:String）cardinality（1））restriction（FUZZY-discount allValuesFrom（xsd:single）cardinality（1））restriction（μ allValuesFrom (xsd:single) cardinality (1)))映射到模糊UML类属性，如图4.8所示。

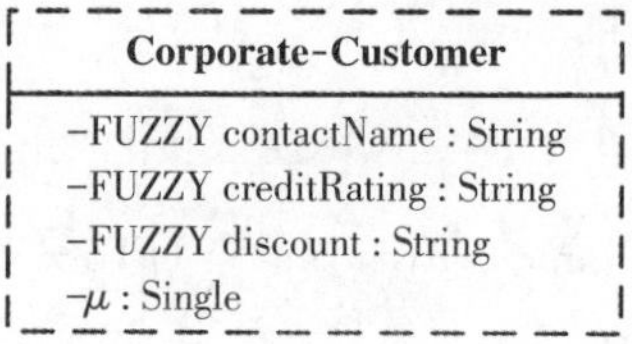

图4.8　一个具有属性和数据类型的模糊UML类

规则4.6　一个分类或等级关系FH_C被映射到模糊UML类图模型的概化关系H_F，即$\varphi(FH_C) \in H_F$。

例如，模糊OWL本体类关系SubClassOf (Corporate-Customer，Customer)，SubClassOf (Personal-Customer，Customer)，DisjointClasses (Corporate-Customer Personal-Customer)，and EquivalentClasses (Customer UnionOf (Corporate-Customer Personal-Customer))被映射到模糊UML类图模型的概化关系，如图4.9所示。

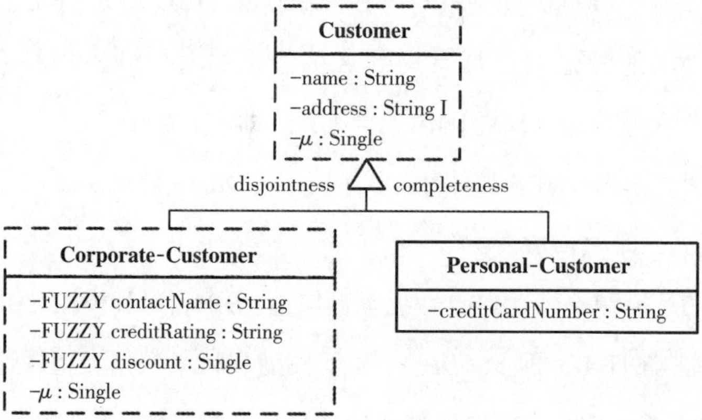

图4.9　与模糊本体类层次对应的模糊UML概化关系

规则4.7　模糊OWL 2本体对象属性FOP_O用于表示两个模糊类之间的关系，可以对应到模糊UML模型的角色R_F，即$\varphi(FOP_O) \in R_F$。模糊OWL 2本体的对象属性标识符(is_part_of_g$_1$，is_whole_of_g$_1$，…，is_part_of_g$_m$，is_whole_of_g$_m$)对应到模糊UML的模糊聚合，$agg_F(G_F) = C_F \times (C_{F1} \cup C_{F2} \cup \cdots \cup C_{Fn})$。

一个模糊OWL 2元素ObjectProperty被映射到模糊UML类图模型中的关系。一个模糊OWL 2对象属性描述个体之间的关系，而模糊UML类图模型中的角色元素描述两个或多个类之间的链接或关联关系。

规则4.8　模糊OWL 2对象属性的基数(最小和最大限制)可映射为模糊UML类的实例多重性，而多重性是指模糊UML关联关系中角色的参与情况。

规则4.9　模糊OWL 2本体的注释属性(包括几个内置的注释属性)映射到模糊UML注释。内置的注释属性被转换为元关联，而用户定义的注释属性则是OWLAnnotationProperty的实例。

规则4.10　模糊本体的类描述转换为模糊UML约束，如表4.2所列。

表4.2　模糊OWL 2本体类描述到模糊UML约束的映射

模糊OWL类描述	模糊UML约束
Class(FC partial …restriction(FP_i allValuesFrom(FDR_i) cardinality(1))…)	对应到模糊类属性： $att_F(\varphi(FC) \to \{\cdots, \varphi(FP_i): \varphi(FDR_i), \cdots\}$，其中$\varphi(FC_i) \in C_F, \varphi(FP_i) \in A_F, \varphi(FDR_i) \in T_F$
Class(FC partial restriction (FDP_1 allValuesFrom(FDR_1)minCardinality(m_1) maxCardinality(n_1))…restriction FDP_k allValuesFrom(FDR_k minCardinality(m_k) maxCardinality(n_k))	对应到模糊类： $att_F(\varphi(FC)) \to [\varphi(FDP_1)(m_1 \cdots n_1):\varphi(FDR_1)\cdots, \varphi(FDP_k)(m_k \cdots n_k):\varphi(FDR_n)]$，$(m_i \cdots n_i)$多重性基数限制$mult_F(\varphi(FDT_i), \varphi(FC), \varphi(FDP_i)) = (mult_{min}(\varphi(FDR_i), \varphi(FC), \varphi(FDP_i)), mult_{max}(\varphi(FDR_i), \varphi(FC), \varphi(FDP_i))) = (m_i, n_i)$，其中$i \in \{1, \cdots, k\}, \varphi(FC_i) \in C_F, \varphi(FDP_i) \in A_F, \varphi(FDR_i) \in T_F$
Class (owl:Thing partial restriction (inverseOf is_part_of_g$_1$ allValuesFrom (FC)) Cardinality (1)) restriction (is_whole_of_g$_1$ allValuesFrom (FC_1) minCardinality (p_1) maxCardinality (q_1))… restriction (inverseOf is_part_of_g$_m$ allValuesFrom (FC) Cardinality (1)) restriction ((is_whole_of_g$_m$) allValuesFrom (FC_m) minCardinality (p_m) maxCardinality (q_m)))	对应到一个模糊聚合： $agg_F = \varphi(FC) \times (\varphi(FC_1)\ [p_1 \cdots q_1] \cup \cdots \cup \varphi(FC_m)\ [p_m \cdots q_m])$。其中，$(p_i \cdots q_i)$表示多重性$mult'_F(\varphi(FC_i), \varphi(FC)) = (mult'_{min}(\varphi(FC_i), \varphi(FC)), mult'_{max}(\varphi(FC_i), \varphi(FC)), i \in \{1, \cdots, m\}$

表4.2(续)

模糊OWL类描述	模糊UML约束
Class (FC partial restriction (f allValuesFrom (FDR) maxCardinality(1)))	对应模糊类$\varphi(FC)\in C_F$和其属性$att_F(\varphi(FC))\rightarrow[\cdots,\varphi(f)():\varphi(FDR),\cdots]$,其中$\varphi(f)():\varphi(FDR)\in M_F$是一个不包含参数的方法
模糊类$FC_{f(P_1,\ldots,P_m)}\in FC_0$ 数据域定义为$P_1,\ldots,P_m$, $R\in FDR_0$	对应一个包含参数的方法$\varphi(f(P_1,\cdots,P_m)):\varphi(R)\in M_F$

规则4.11　模糊本体属性转换为模糊UML约束，如表4.3所列。

表4.3　模糊OWL 2本体属性到模糊UML约束的映射

模糊OWL属性描述	模糊UML约束
数据属性DatatypeProperty (FDP_i, domain (FC) range (FDT_i))	对应一个模糊类的定义 $att_F(\varphi(FC))\rightarrow[\cdots,\varphi(FDP_i):\varphi(FDR_i),\cdots]$,其中$\varphi(FDP_i)\in A_F,\varphi(FTR_i)\in T_F$
对象属性ObjectProperty (is_part_of_g domain (FC_i) range (FC))	定义一个模糊聚合关系 $agg_F(G)=\varphi(FC)\times(\varphi(FC_1)\cup\varphi(FC_2)\cup\cdots\cup\varphi(FC_n))$,其中$\varphi(FC_i)\in C_F,\varphi(FC)\in C_F$
ObjectProperty (is_whole_of_g domain (FC) range (FC_i) minCardinality (m_i) maxCardinality (m_i)))	对应多重性限制$mult_F'(\varphi(FC_i),\varphi(FC))=(mult_{min}'(\varphi(FC_i),\varphi(FC)),mult_{max}'(\varphi(FC_i),\varphi(FC)))$,其中$\varphi(FC_i)\in C_F,\varphi(FC)\in C_F$
模糊数据类型$f\in FDP_0$，模糊数据$R\in FDR_0$	对应一个不包含参数的方法$\varphi(f()):\varphi(R)\in M_F$
ObjectProperty (is_part_of_g_i domain (FC_i) range (FC)); ObjectProperty (is_whole_of_g_i domain (FC) range (FC_i))	对应一个聚合,$agg_F=\varphi(FC)\times(\varphi(FC_1)\cup\cdots\cup\varphi(FC_m))$,其中$\varphi(FC_i)\in C_F,\varphi(FC)\in C_F$
ObjectProperty (v_i domain (FC_i) range (FP) inverseOf (FOP_i)), ObjectProperty (FOP_i domain (FP) range (FC_i))	对应模糊关联$ass_F(\varphi(FP))=[\varphi(FOP_1):\varphi(FC_1),\cdots,\varphi(FOP_k):\varphi(FC_k)]$,其中$\varphi(FOP_i)\in R_F,\varphi(FC_i)\in C_F,\varphi(FP)\in C_F$

规则4.12　模糊本体公理转换为模糊UML约束，如表4.4所列。

表4.4　模糊OWL 2本体公理到模糊UML约束的映射

模糊OWL公理FO_{Axiom}	模糊UML约束
EnumeratedClass($FC\ o_1,o_2,\cdots$)	对应模糊枚举类$\varphi(FC)=(\varphi(o_1),\varphi(o_2)\cdots)$
Class(FC_1 partial FC_2) or SubClassOf(FC_1,FC_2)	对应模糊概化$\leqslant_F(\varphi(FC_2))=\varphi(FC_1)$,其中$\varphi(FC_i)\in C_F$
EquivalentClasses($FC_1,\cdots,FC_m$)	对应n个模糊类$\varphi(FC_1)=\cdots=\varphi(FC_m)$,其中$\varphi(FC_i)\in C_F$
DisjointClasses (x,y) with $x\neq y$.	对应实例对$\varphi(x),\varphi(y)\in C_F\cup S_F$

表4.4（续）

模糊OWL公理FO_{Axiom}	模糊UML约束
DisjointUnion($FC, FC_1, \cdots, FC_m$)	对应模糊层次关系$\leqslant_F(\varphi(FC)) = \varphi(FC_1) \times \cdots \times \varphi(FC_m)$，一个模糊类通过概化生成$n$个子类$\varphi(FC_1) \cdots \varphi(FC_m)$，并且具有 disjiointness 和 completeness限制，其中$\varphi(FC_i) \in C_F, \varphi(FC) \in C_F$
Class($FC_{f(P_1, \ldots, P_m)}$ partial restriction (r_1 someValuesFrom (owl:Thing) Cardinality(1))… restriction (r_m someValuesFrom (owl: Thing) Cardinality(1))); Class($FC_{f(P_1, \ldots, P_m)}$ partial restriction (r_1 allValuesFrom (P_1)) … restriction (r_m allValuesFrom (P_m))); Class (FC partial restriction (inverseOf(r_1) allValuesFrom (unionOf(complementOf ($FC_{f(P_1, \ldots, P_m)}$) restriction (r_{m+1} allValuesFrom (R))))))	对应模糊函数$att_F(\varphi(FC)) \rightarrow [\cdots, \varphi(f(P_1, \cdots, P_m)): R, \cdots]$。$\varphi(f(P_1, \cdots, P_m)): R \in M_F$是具有$m$个参数$P_1, \cdots, P_m$的方法，其中$\varphi(FC) \in C_F, R \in \{r_1, \cdots, r_m\} \in T_F$
Class (FP partial restriction (FOP_1 allValuesFrom (FC_1) cardinality (1))…restriction (FOP_k allValuesFrom (FC_k) cardinality (1)))	对应模糊关联$ass_F(\varphi(FP)) = [\varphi(FOP_1): \varphi(FC_1), \cdots, \varphi(FOP_k): \varphi(FC_k)]$，其中$\varphi(FOP_i) \in R_F, \varphi(FC_i) \in C_F, \varphi(FP) \in A_F$
Class(FR partial restriction(FOP_1 allValuesFrom(FC_1) minCardinality(m_1) maxCardinality(n_1))…restriction (FOP_k allValuesFrom(FC_k) minCardinality(m_k) maxCardinality(n_k)))	对应模糊关联关系 $ass_F(S) = \{\cdots, \varphi(FOP_i): \varphi(FC_i), \cdots\}$ $mult_F(\varphi(FC_i) \times \varphi(FR) \times \varphi(FOP_i)) = (mult_{min}(\varphi(FC_i) \times \varphi(FR) \times \varphi(FOP_i)), mult_{max}(\varphi(FC_i) \times \varphi(FR) \times \varphi(FOP_i)) = (m_i, n_i)$，其中$\varphi(FC_i) \in C_F, \varphi(FR) \in S_F, \varphi(FOP_i) \in R_F$
Class (FC_i partial restriction (v_i allValuesFrom (FP))), where v_i = invof_$FOP_i \in FOP_0$ denotes an inverse property of the fuzzy object property FOP_i as mentioned above	对应模糊关联$ass_F(\varphi(FP)) = [\varphi(FOP_1): \varphi(FC_1), \cdots, \varphi(FOP_k): \varphi(FC_k)]$，其中$\varphi(FOP_i) \in R_F, \varphi(FC_i) \in C_F$，每个角色$\varphi(FOP_i)$具有基数限制$card_F(\varphi(FC_i), \varphi(FP), \varphi(FOP_i)) = (card_{min}(\varphi(FC_i), \varphi(FP), \varphi(FOP_i)), card_{max}(\varphi(FC_i), \varphi(FP), \varphi(FOP_i))), i \in \{1, \cdots, k\}$

4.3.2　模糊OWL 2本体实例到模糊UML类图实例的转化

给定一个模糊OWL 2本体实例：ClassAssertion（$FCE\ a$），SameIndividual（a_1，…，a_n），DifferentIndividuals(a_1，…，a_n)和ObjectPropertyAssertion($FOPE$ $a_1\ a_2$)。正如4.2节指出模糊UML类图模型在多个级别上具有不同的模糊性，即

第一个级别是类层面上，如一个对象属于一个类的隶属度，用$\varphi \in [0, 1]$表示；第二个级别是属性层面上，如在属性的前面出现模糊关键字“FUZZY”说明该属性是模糊属性；第三个级别是对象实例的模糊性，即对象实例的取值是一个模糊子集或者是一个模糊子集的集合。为此，下面详细给出在实例层的转换规则。

规则4.13 每个模糊OWL 2本体的实例FI_0被映射为模糊UML对象O_F，即$\varphi(FI_0) \in O_F$。

规则4.14 模糊OWL 2本体的个体公理被映射为模糊UML约束，如表4.5所列。

表4.5 模糊OWL 2本体个体实例公理到模糊UML模型约束之间的映射

模糊OWL个体公理FO_{Axiom}	模糊UML约束条件
SameIndividual($a_1, \cdots, a_n$)	$\varphi(a_1)=\cdots=\varphi(a_n)$
DifferentIndividuals($a_1, \cdots, a_n$)	$\varphi(a_{11}) \neq \cdots \neq \varphi(a_n)$
ClassAssertion($FCE\ a$)	$\varphi(a_1) \in \varphi(CE)$
ObjectPropertyAssertion ($FOPE\ a_1\ a_2$)	$ass_F(\varphi(OPE))=[r_1: \varphi(a_1), r_2: \varphi(a_2)]$，其中$r_1$，$r_2$是UML类图的不同角色

4.4 实例分析

本节给出一个模糊OWL 2本体再工程到模糊UML类图模型的实例。在3.4节中的图3.4给出了一个模糊OWL 2本体“E-commerce”的抽象语法。利用4.3节提到的再工程方法，首先将模糊OWL 2本体结构信息(如模糊类标识、模糊数据类型/对象属性标识和模糊个体标识)映射为模糊UML类图模型的概念(如模糊类、模糊属性和模糊对象)。例如，一个模糊OWL 2类标识符“Employee”转换为一个模糊UML类φ(Employee)，一个模糊对象属性标识符“placing”转换为一个模糊UML关联类φ(placing)，之后将模糊OWL 2公理映射为模糊UML约束。例如，一个模糊OWL 2类公理SubClassOf (Corporate-Customer, Customer)映射为一个模糊UML“子类-超类”关系限制$\leqslant_F$(Customer)= Corporate-Customer。依照4.3节提出的规则，可以将图3.4所示的模糊OWL 2本体“E-commerce”映射为图4.10所示的模糊UML类图模型U_F。图4.11进一步给出图4.10中模糊UML类图模型的形式化描述。

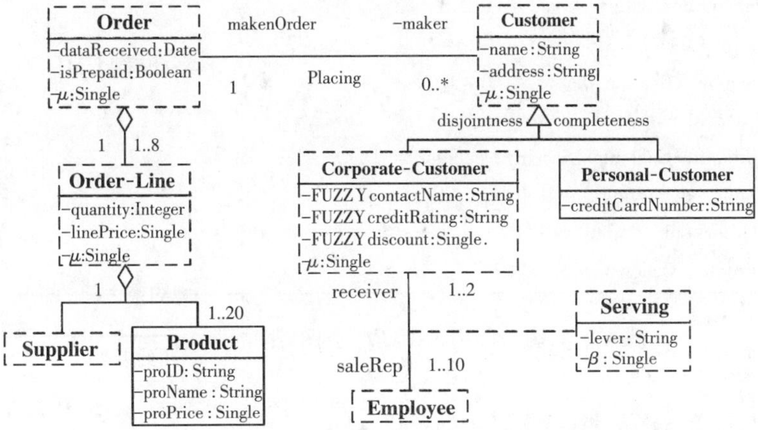

图4.10 由图3.4中模糊OWL 2本体结构得到的模糊UML类图模型

根据定义4.2,下面给出图4.10中模糊UML类图模型U_F的形式化描述。

U_F=(L_F, att_F, ass_F, agg_F, $gene_F$, dep_F, $mult_F$)，其中L_F包含以下集合：

C_F= {Customer, Corporate-Customer, Personal-Customer, Employee, ⋯, Product}

A_F= {name, address, FUZZY contactName, FUZZY creditRating, FUZZY discount, ⋯}

S_F= {Placing, Serving}

T_F= {Integer, Single, String, Boolean, Date}

R_F= {MakenOrder, Maker, Receiver, SaleRep }

att_F, ass_F, agg_F, $gene_F$, dep_F, $mult_F$定义如下：

att_F(Order)={dateReceived:Date, isPrepaid:Boolean, μ:Single}

att_F(Customer)={name:String, address:String, μ:Single }

att_F(Corporate-Customer)={ FUZZY contactName:String, FUZZY creditRating:Single, FUZZY discount: Single, μ:Single }

att_F(Personal-Customer)={creditCardNumber:String}

att_F(Order-Line)={quantity:Integer, price:Single, μ:Single }

att_F(Product)={proID:String, proName:String, proPrice:Single}

att_F(Employee)={⋯}

att_F(Serving)={lever: String, β:Single }
ass_F(Placing)={makenOrder: Order Line, maker: Customer}
ass_F(Serving)={ saleRep: Employee, receiver: Corporate-Customer}
$agg_F(G_1)$=Order×(Order Line [1..8] ∪ ···)
$agg_F(G_2)$=Order-Line×(Product[1..20] ∪ ···)
$gene_F$(Customer)={Corporate-Customer×Personal-Customer}
$mult_F$(Data, Order, dateReceived)=(0, 1)
$mult_F$(String, Customer, address)=(0, 1)
$mult_F$(Customer, Placing, maker)=(0, ∞)
$mult_F$(Order, Placing, makenOrder)=(1, 1)
$mult_F$(Corporate-Customer, Serving, receiver)=(1, 2)
$mult_F$(Employee, Serving, saleRep)=(1, 10)
$mult_F'$ (Order-Line, Order) =(1, 8)
$mult_F'$ (Product, Order-Line) =(1, 20)

图4.11　图4.10中模糊UML类图模型的形式化描述

4.5　合理性证明

本节证明4.3节中提出的转换方法的正确性。如果能够在模糊UML类图模型的语义和模糊OWL本体的语义之间建立一个映射，即转换后得到的模糊UML类图模型能够保留模糊OWL 2本体的语义，则说明转换方法是正确的。此外，根据4.2节可知，如果一个模糊对象能够满足模糊UML类图模型的所有约束条件，则称该模糊对象能够表示模糊UML类图模型的语义，同样，根据2.3节可知模糊本体的语义是通过模糊解释来定义的。因此，如果能够在模糊UML类图模型的模糊对象状态与模糊OWL 2本体的模糊解释之间建立映射关系，则说明所提出的转换方法是语义保持的，详见定理4.1。

定理4.1　对于每个模糊OWL 2本体FO，$U_F=\varphi(FO)$是根据4.3节提出的规则从FO得到的模糊UML类图模型：

• 对于FO的每个模糊解释FI，存在映射$\alpha_F: FI \rightarrow BF$，使得$BF=\alpha_F(FI)$是一个合法$U_F$的模糊对象描述。

• 对于U_F的每个合法模糊对象描述BF，存在一个映射$\beta_F: BF \rightarrow FI$，使得$FI = \beta_F(BF)$是合法的模糊本体模型$FO$。

证明：如果存在模糊本体FO的模糊解释FI，通过映射可以获得模糊UML类图模型U_F的对象描述$BF = \alpha_F(FI)$。模糊UML类图模型U_F的模糊对象描述$\alpha_F(FI)$的域元素$\Delta^{\alpha_F(FI)}$由模糊解释FI的值Δ^{FI}组成。模糊UML类图模型U_F的约束函数$\cdot^{\alpha_F(FI)}$由模糊解释的$\cdot^{FI}$构成。对于每个符号$X \in L_F$，有$X^{BF} = \varphi(X)^{\alpha_F(FI)}$和$(\varphi(FR))^{\alpha_F(FI)} = \{<s, c_i> \in \Delta^{\alpha_F(FI)} \times \Delta^{\alpha_F(FI)} | s \in S^{BF} \wedge c_i \in C_{Fi}{}^{BF} \wedge s[R_{Fi}] = c_i\}$（$i \in \{1, \cdots, k\}$）的模糊关联$ass_F(S) = [R_{F1}: C_{F1}, \cdots, R_{Fn}: C_{Fn}]$，其中$S \in S_F$。为了证明$BF$是模糊UML类图模型$U_F$的合法模糊对象描述，即证明$BF$满足对象描述的所有条件[即定义4.4中的条件①~⑦]。

Case 1：如果FI满足公理SubClasses（FC_{01}，FC_{02}），即存在$FC_{01} \subseteq FC_{02}$，则$FC_{01}^{FI} \subseteq \mathrm{FC}_{02}^{FI}$成立，即有$\varphi(FC_{01})^{\alpha_F(FI)} \subseteq \varphi(FC_{02}0)^{\alpha_F(FI)}$，根据$\alpha_F(FI)$的定义可知$\varphi(FC_{01})$，$\varphi(FC_{02}) \in C_F$，使得$\leqslant_F(\varphi(FC_{01})) = \varphi(FC_{02})$。因此，$BF$满足定义4.4中条件①。

Case 2：如果FI满足公理DisjointUnion（FC_0 FC_{01}，…，FC_{0n}），即存在$FC_0 = FC_{01} \cup \cdots \cup FC_{0n}$，$FC_{01} \cap \cdots \cap FC_{0m} = \varnothing$类似于上面的case 1，有$FC_{01}^{FI} \cup \cdots \cup \mathrm{FC}_{0m}^{FI} \cup = \mathrm{FC}_0^{FI}$，$FC_{01}^{FI} \cap \cdots \cap \mathrm{FC}_{0m}^{FI} = \varnothing$，由$\alpha_F(FI)$的定义可知$\varphi(FC_{01})^{\alpha_F(FI)} \cup \cdots \cup \varphi(FC_{0m})^{\alpha_F(FI)} = \varphi(FC_0)^{\alpha_F(FI)}$，$\varphi(FC_{01})^{\alpha_F(FI)} \cap \cdots \cap \varphi(FC_{0m})^{\alpha_F(FI)} = \varnothing$，即有$\leqslant_F(\varphi(FC_0)) = \varphi(FC_{01}) \times \varphi(FC_{02}) \times \cdots \times \varphi(FC_{0m})$，因此，$BF$满足定义4.4中条件②。

Case 3：如果存在一个具有属性$att_F(\varphi(FC_0)) = [\varphi(FDP_{01}):\varphi(FDT_{01}), \cdots, \varphi(FDP_{0m}) : \varphi(FDT_{0m})]$（$m \geqslant 1$）的模糊类$\varphi(FC_0) \in C_F$，即有$(\varphi(FC_0))^{\alpha_F(FI)} \subseteq \bigcap_{i=1}^{m}$ $\{c | \forall t_i \cdot <c, t_i> \in (\varphi(FDP_{0i}))^{\alpha_F(FI)} \rightarrow t_i \in (\varphi(FDT_{0i}))^{\alpha_F(FI)} \wedge \#\{t_i | <c, t_i> \in (\varphi(FDP_{0i}))^{\alpha_F(FI)}\} = 1\}$，其中$i \in \{1, \cdots, m\}$。对于$\forall c \in (\varphi(FC_0))^{\alpha_F(FI)} = C_F^{FB}$，存在$<c, t_i> \in (\varphi(FDP_{0i}))^{\alpha_F(FI)} =$

$A_{Fi}^{BF}\ t_i \in (\varphi(FDT_{0i}))^{\alpha_F(FI)} = T_{Fi}^{BF}$（$i \in \{1，\cdots，m\}$），因此，$BF$满足定义4.4中条件③。

Case 4：对于任意类FC_0，FC_{01}，…，FC_{0m}（$m \geq 2$），如果它们之间存在聚合关系$agg_F(G_F) = \varphi(FC_0) \times (\varphi(FC_{01}) \cup \varphi(FC_{02}) \cup \cdots \cup \varphi(FC_{0m}))$，也即存在$\varphi(FC_0)^{\alpha_F(FI)} = \varphi(FC_{01})^{\alpha_F(FI)} \cup . \cdots \cup \varphi(FC_{0m})^{\alpha_F(FI)}$，则有$\varphi(FC_0)^{BF} = \varphi(FC_{01})^{BF} \cup \cdots \cup \varphi(FC_{0m})^{BF}$，其中，$\varphi(FC_0)$，$\varphi(FC_{0i}) \in C_F$（$i \in \{1，\cdots，m\}$），因此，$BF$满足定义4.4中条件④。

Case 5：在模糊OWL 2本体中没有依赖关系，所以依赖关系不予考虑。

Case 6：如果存在一个模糊关联$SF \in S_F$，即$ass_F(SF) = [\varphi(FOP_{01}):\varphi(FC_{01})，\cdots，\varphi(FOP_{0m}):\varphi(FC_{0m})]$（$m \geq 2$）和一个模糊关联实例$s \in (\varphi(SF))^{\alpha_F(FI)}$，由$\alpha_F(FI)$定义可知$s \in SF^{BF}$。根据定义4.3可知，$SF$的实例形如$[r_1: c_1，\cdots，r_m: c_m]$，$s$是$\Delta^{\alpha_F(FI)}$上以$RF$-标记元组。其中，$r_i = (FOP_{0i})^{\alpha_F(FI)}$，$c_i = (FC_{0i})^{\alpha_F(FI)}$（$i \in \{1，\cdots，m\}$）。另外，由$\alpha_F(FI)$的定义可知$(SF)^{\alpha_F(FI)} \subseteq \bigcap_{i=1}^{m}\{s \mid \forall c_i \cdot < s, c_i > \in (\varphi(FOP_{0i}))^{\alpha_F(FI)} \rightarrow c_i \in (\varphi(FC_{0i}))^{\alpha_F(FI)} \wedge \#\{c_i \mid < s，c_i > \in (\varphi(FOP_{0i}))^{\alpha_F(FI)}\} = 1\}$（$i \in \{1，\cdots，m\}$），因此，$BF$满足定义4.4中条件⑥。

Case 7：如果存在聚合$ass_F(S_F) = [\cdots，\varphi(FOP_0):\varphi(FC_0)，\cdots]$，每个角色$\varphi(FOP_{0i})$的基数限制为$card_F(\varphi(FC_{0i})，S_F，\varphi(FOP_{0i})) = (card_{F\min}(\varphi(FC_{0i})，S_F，\varphi(FOP_{0i})，card_{F\max}(\varphi(FC_{0i})，S_F，\varphi(FOP_{0i})))$。对于每一个模糊关联实例$s \in (\varphi(S_F))^{\alpha_F(BF)}$，由$\alpha_F(FI)$的定义可知$c_i \in ((FC_{0i}))^{\alpha_F(FI)}$和$(\varphi(FOP_{0i}))^{\alpha_F(FI)} = \{< s, c_i > \in \Delta^{\alpha_F(FI)} \times \Delta^{\alpha_F(FI)} \mid s \in S_F^{\alpha_F(FI)} \wedge c_i \in (\varphi(FC_{0i}))^{\alpha_F(FI)} \wedge s[\varphi(FOP_{0i})] = c_i\}$。另外，根据定义4.2有$card_{F\min}(C_F, S_F, R_F) \leqslant \#\{s \in S_F^{BF} \mid s[R_F] = c\} \leqslant card_{F\max}(C_F, S_F, R_F)$，其中#{}表示集合{}的基数，因此，$BF$满足定义4.4中条件⑦。

对于每个模糊对象状态描述BF，存在映射$\alpha_F: FI \rightarrow BF$，使得$BF = \alpha_F(FI)$符合模糊UML类图模型$\varphi(FO)$，因此，说明了从模糊OWL 2本体到模糊UML

类图模型 $U_F=\varphi(FO)$ 的转换映射过程中语义是保持的。以上证明了定理4.1的第一部分，第二部分与第一部分是互逆过程，第二部分证明可以根据第一部分类似给出。

在转换模糊OWL 2本体结构到模糊UML类图之后，正如4.3.2节所示，模糊OWL 2本体实例到模糊UML类图模型实例转换实际上是把模糊本体的个体信息映射为模糊UML对象实例。定理4.1证明了模糊本体结构层面上转换的正确性，从而能够保证实例层面上转换的正确性。

4.6 本章小结

本章在对模糊UML类图模型进行深入研究的基础上，提出了一种将模糊OWL 2本体再工程为模糊UML类图模型的形式化方法。首先，给出了模糊UML类图模型的形式化定义；在此基础上，将模糊OWL 2本体在结构和实例层面转换为模糊UML类图模型，并给出了详细的转换规则；最后，用一个实例来说明所提出的方法，并进一步在语义层面证明该方法的正确性。

基于概念数据模型的本体再工程实现了本体模型到概念数据模型的转换。借助概念数据模型所具有的高度抽象能力，这一转换为本体在概念数据模型层面上实现便捷、高效的集成与重用提供了强有力的技术支持。需要指出的是，本体再工程除了包含本体模型到概念数据模型的转换之外，还包含本体模型到逻辑数据库模型的转换。本体模型到逻辑数据库模型的转换服务于本体的持久化处理，是实现大规模本体管理的重要任务之一。为了大规模模糊本体的存储管理，下面两章将研究模糊OWL 2本体基于数据库的再工程方法。

第5章　基于模糊关系数据库模型的模糊OWL 2本体再工程

语义Web技术的发展和本体的广泛应用已经导致大规模本体的出现，对它的持久化处理已经成为本体管理与使用的一个重要而紧迫的任务。关系数据库是当前数据库的主流，已被广泛用于大规模数据的存储与管理，并且近年来开始用于大规模本体的存储。模糊关系数据库是实现模糊数据存储与管理的主要形式，相关研究工作已经取得很多研究成果，这就为模糊本体再工程到模糊关系数据库模型提供了基础。模糊OWL 2本体到模糊关系数据库模型的再工程，可以实现模糊OWL 2本体基于模糊关系数据库的持久化存储。为此，本章研究基于模糊关系数据库模型的模糊OWL 2本体再工程方法。

本章5.1节是引言部分；5.2节详细描述模糊关系数据库的形式化定义；5.3节提出模糊OWL 2本体到模糊关系数据库模型的形式化映射；5.4节给出一个模糊OWL 2本体到模糊关系数据库模型的映射实例，并对其进行分析；5.5节给出所提映射方法的合理性证明；5.6节是本章的小结。

5.1　引言

概念数据模型能在较高数据抽象级别上表示和处理领域内的语义信息，而逻辑数据库模型则用来存储和处理已有的数据信息。在本体再工程框架中，将本体模型再工程到概念数据模型能够服务于本体的重用和集成，而将本体模型再工程到逻辑数据库模型能够服务于大规模本体的持久化。关系数据库作为逻辑数据库模型中最常见数据库模型之一，可以高效地支持结构化数据的存储和查询。随着本体的深入研究和广泛应用，本体的数量和规模都在不断增加，如何有效地持久化存储本体成为重要的研究问题。近年来，利用关系数据库在数据管理方面的成熟技术，基于关系数据库支持的本体再工程问题得到了许多研究者的广泛关注。为此，文献［31-37］研究并提出了本体到关系数据库的再工程方法，实现了本体在关系数据库中的持久化管理。

然而，在现实生活中存在大量不精确和不确定的模糊信息，为了表示和处理这样的模糊信息，已有大量的工作致力于模糊关系数据库(fuzzy relational database，简称为FRDB)的研究。经过多年的发展，模糊关系数据库在模糊数据存储和处理方面已经取得了一定的成果[78-84]，这就为模糊本体的持久化存储提供了一定的理论和技术支持，将模糊本体再工程到模糊关系数据库模型成为本体工程中实现本体持久化管理的重要研究问题之一。

本章以模糊关系数据库模型作为模糊OWL 2本体的再工程目标模型，深入研究基于模糊关系数据库模型的模糊OWL 2本体再工程问题，提出模糊OWL 2本体到模糊关系数据库模型在结构层和实例层上的映射方法；同时，结合映射实例和理论证明说明所提方法的合理性和可行性。

5.2　模糊关系数据库模型

模糊关系数据库模型(fuzzy relational database model，简称为FRDBM)是基于模糊集理论对经典关系数据库模型的模糊扩展，文献［78-79］中提出了扩展关系数据库模型有三种基本类型：第一种模糊关系数据库模型使用介于［0，1］的值表示元组隶属度[80]；第二种模糊关系数据库模型基于属性域上相似关系(similarity relationship)[81]和近似关系(proximity relationship)[82]等接近度量替换域值之间的普通等价关系；第三种模糊关系数据库模型基于可能性分布作为属性值[83]。基于这三种基本模糊关系模型，还有一些是结合这三种模型的混合模糊关系数据库模型(extended possibility-based fuzzy relational model)[84]。例如，扩展的基于可能性的模糊关系数据库模型就是一种典型的混合模糊关系数据库模型，该模型不仅允许出现可能性分布作为属性值，而且允许近似值(相似或接近)关系与域相关联。本节主要考虑可能性及扩展的基于可能性的模糊关系数据库。

与模糊数据的模糊关系表示、可能性分布表示及相似性表示相关联，模糊关系数据库有两种基本的扩展数据模型：一种是相似关系[81]、近似关系[82]或类似关系(resemblance)[84]的模糊关系数据模型；另一种是基于可能性分布的模糊关系数据模型。基于可能性分布理论扩展的模糊关系数据模型又可进一步分为两类，分别是元组与可能性(隶属度)相关联和属性值用可能性分布表示[80]。上面提到的模糊关系数据库模型可以用如下n元组的形式表示：

$t = <p_1, p_2, \cdots, p_i, \cdots, p_n>$　　(类型1模糊关系模型)

$t = <a_1, a_2, \cdots, a_i, \cdots, a_n, d>$　　(类型2模糊关系模型)

$t = <\pi_{A1}, \pi_{A2}, \cdots, \pi_{Ai}, \cdots, \pi_{An}>$　　(类型3模糊关系模型)

其中，D_i是属性A_i的值域，$p_i \subseteq D_i$，$a_i \in D_i$且$d \in (0, 1]$；π_{Ai}是属性A_i在其值域D_i上的可能性分布，对于$x \in D_i$，$\pi_{Ai}(x)$表示x是$t[A_i]$实际值的可能性。

基于上面的模糊关系数据模型，下面给出模糊关系数据库模型的基本定义。

定义 5.1　关系模式FR (A_1，A_2，$\cdots A_n$) 上的一个模糊关系r是笛卡儿积$D(A_1) \times D(A_2) \times \cdots \times D(A_n)$ 的一个子集，其中属性A_i的值域$D(A_i)$ 可能是一个模糊子集或是一个模糊子集的集合，并且在$D(A_i)$ 上存在一个类似关系。在$D(A_i)$ 上的一个类似关系Res是一个映射$D(A_i) \times D(A_i) \rightarrow [0, 1]$，使得：

- 对于$\forall x \in D(A_i)$，$Res(x, x) = 1$　　(自反性)
- 对于$\forall x, y \in D(A_i)$，$Res(x, y) = Res(x, y)$　　(对称性)

一个类似关系Res和一个相似关系Sim之间的区别在于，Sim除了具有自反性和对称性之外，还需要具有传递性。传递性是指对于$\forall x, y, z \in D(A_i)$，$Sim(x, z) \geq \max_y(\min(Sim(x, y), Sim(y, z)))$。因此，一个相似关系必然是一个类似关系，但一个类似关系不一定是一个相似关系。

定义5.2　一个模糊关系数据库模型FRDBM = <*FS*，*FR*>包含模糊关系模式*FS*和模糊关系*FR*的集合。其中：

• 每一个模糊关系模式*FS*可以由$FR_i(A_1/D_1, A_2/D_2\cdots, A_n/D_n, \mu_R/D_R)$描述，$A_1, A_2\cdots, A_n, \mu_R$表示模糊关系$FR_i$的属性，$D_1, D_2\cdots, D_n, D_R$是每个属性对应的数据类型，$\mu_R$是附加属性用来表示元组属于模糊关系*FR*的隶属度；

• 模糊关系集合中的每个FR_i是笛卡儿积$\mathrm{Dom}(A_1)\times\mathrm{Dom}(A_2)\times\cdots\times\mathrm{Dom}(A_n)\times\mathrm{Dom}(\mu_R)$的一个子集，$\mathrm{Dom}(A_i)$是一个模糊子集或子模糊集，且$\mathrm{Dom}(\mu_R)\in(0, 1]$。其中，$\mathrm{Dom}(A_i)$表示$A_i$的属性域，这个域上的每一个元素必须满足数据类型$D_i$，$FR_i$中的每一个元组由$t = <\pi_{A1}, \pi_{A2}, \cdots, \pi_{Ai}, \cdots, \pi_{An}, \mu_R>$表示，可能性分布$\pi_{Ai}$表示属性$A_i$的值，而$\mu_R\in(0, 1]$。

一个模糊关系数据库模型FRDBM可以看成一个解释$FR = (\Delta^{FR}, \cdot^{FR})$，即FRDBM的语义可以由该解释给出，其中，$\Delta^{FR}$是FRDBM的值域，$\cdot^{FR}$是一个解释函数，该函数将每一个模糊关系模式$FS_i$映射为模糊关系$FR_i$(即将每一个模糊数据类型域符号$D_i$映射为相应的基本域$D_i^{FR}\in\Delta^{FR}$；将每一个模糊属性名$A_i$映射为$A_i^{FR}\subseteq\Delta^{FR}\times\Delta^{FR}$；将每一个模糊关系名$FR_i$映射为$A_i$标记的元组等)。

5.3　模糊OWL 2本体到模糊关系数据库的映射

本节在结构和实例两个层面上提出基于模糊关系数据库模型的模糊OWL 2本体再工程的形式化转换方法，并详细给出转换规则。

5.3.1 模糊OWL 2本体结构到模糊关系数据库的转换

从上面给出的模糊OWL 2本体 FO =(FC_O, FDT_O, FDP_O, FOP_O, FP_C, FH_C, FR_C, FO_{Axiom}, FI_O)和模糊关系数据库模型的形式化定义FRDBM = <FS, FR>可以看出，模糊OWL 2本体包含结构(模糊类、数据属性、对象属性、公理)和实例两部分，而一个FRDBM具有型和值之分，与本体具有对应关系。其中，模糊关系模式是型，用于表示FRDBM的结构信息，而模糊关系的值，用于表示FRDBM的实例信息。

模糊本体中的类、属性及公理等概念和FRDBM中的关系、属性及关系之间的联系等概念存在一定的对应关系，而且，模糊本体中的命名唯一等机制可以用FRDBM中的主外键等约束来表示。由于两者之间存在一定的对应关系，从而使得从模糊本体到FRDBM的转换具有可能性，FRDBM到模糊本体模型的转换已间接表明了这一点[138]。本书在经典本体和关系数据库之间对应关系[139]的基础上展开研究的，表5.1给出了模糊OWL 2本体结构的主要元素与FRDBM对应关系。

模糊OWL 2本体主要包含其结构信息和公理FO_{Axiom}信息，因此，从模糊OWL 2本体到模糊关系数据库模型FRDBM的映射主要包含两部分：模糊OWL 2本体结构到模糊关系数据库名称和属性的转换；模糊OWL 2本体公理FO_{Axiom}到模糊关系数据库的关系模式。针对上述映射，下面分别给出相应的转换方法。

• 单值属性是指模糊类的每一个实例属性最多有一个值。形式上，单值属性定义为属性的基数限制不大于1；否则，属性是多值属性。

• 必选属性是指模糊类的每一个实例属性至少有一个值。形式上，必选属性定义为属性的基数限制不小于1；限制属性的一些值是来自其他类的；限制属性有特殊的值，其他情况下属性是可选的。

表5.1　模糊OWL 2本体主要构件与FRDBM的对应关系

模糊OWL 2本体	模糊关系数据库模型
Class	Table
SubClassOf	ForeignKey
HasKey	UniqueKey
ObjectProperty	ForeignKey or Table
ObjectPropertyDomain	Points to Table owning ForeignKey of ObjectProperty
ObjectPropertyRange	Points to Table owning PrimaryKey，which is ForeignKey of ObjectProperty
FunctionalObjectProperty	ForeignKey of ObjectProperty domain Table
InverseFunctionalObjectProperty	ForeignKey of ObjectProperty range Table
DataProperty	Column or Table and 3 Columns for DataProperty domain identifier，range identifier，and value
DataPropertyDomain	If DataProperty maps to Column，points to Table owning that Column；If DataProperty maps to Table，points to DataProperty domain Table
DataPropertyRange	Points to type（SQLDataType）of DataProperty Column
FunctionalDataProperty	Column
DataRange	Points to Column' s type（SQLDataType）together with SQL Check functions
DataType	SQLDataType
Annotation	Foreign Key in every Table of corresponding class from OWLAnnotations metatable

下面具体给出模糊OWL 2本体结构到模糊关系数据库模型的映射规则。

规则5.1　模糊本体的模糊类或者模糊概念标识符FC_0映射为一个模糊关系，即一张表。该表包含μ_R列，表示实例属于该关系的程度，$\varphi(FC_0)\in FR$，表名即模糊本体的类名。

规则5.2 如果模糊本体的模糊数据属性FDP_O是单值的，映射到数据属性的定义域所在类对应表的两列(Value和μ_R隶属度)，Value列名即数据属性名，μ_R隶属度列名用μ表示。

规则5.3 如果模糊本体的模糊数据属性FDP_O是多值的，映射到模糊数据库的一个模糊表，表名是对应模糊类的数据属性和Value组成，表的*PK*由相应的列和模糊类的数据类型属性定义域对应表的*FK*组成。

规则5.4 模糊本体的模糊数据域标识FDR_O映射为一个模糊属性对应的SQL数据类型列DataProperty Column。

规则5.5 如果模糊本体的模糊对象属性ObjectProperty是单值的可选项，且存在单值的逆模糊对象属性inverse of ObjectProperty，即一对一或一对零的模糊关系，逆模糊对象属性映射到模糊对象属性的值域所属的类对应表的一个*FK*，而这个*FK*是模糊对象属性定义域所在类对应表的*PK*、*FK*名就是逆对象属性名。

规则5.6 如果模糊本体的模糊对象属性是单值的，规则5.5不适用，即存在零对一、一对一或者多对一的模糊关系，那么，模糊对象属性映射到模糊对象属性定义域所在类对应表的*FK*，而这个*FK*是模糊对象属性值域所在类对应表的*PK*，*FK*名就是对象属性名。

规则5.7 如果模糊本体的模糊对象属性是多值的，且存在单值的逆模糊对象属性，即一对多的模糊关系，那么，逆模糊对象属性映射到模糊对象属性值域所在类对应表的*FK*，而这个*FK*是模糊对象属性定义域所在类对应表的*PK*，*FK*名就是逆模糊对象属性名。

规则5.8 如果模糊本体的模糊对象属性是多值的，规则5.7不适用，即存在多对多的模糊关系，那么，模糊对象属性映射到一个表，表名即模糊对象属性名，表的*PK*由模糊对象属性定义域和值域各自所在类对应表的*FK*组成。

规则5.9 模糊本体类的DataType限制映射到模糊关系数据库相应列的

CHECK限制。

规则5.10　模糊本体类的InverseFunction属性映射到模糊关系数据库相应列的UNIQUE限制。

规则5.11　模糊本体类的必选属性映射到模糊关系数据库相应列的NOT NULL限制。

规则5.12　模糊本体类的枚举数据类型映射到模糊关系数据库枚举类的CHECK限制。

规则5.13　模糊本体的FunctionDataProperty属性映射到模糊关系数据库的一列。

规则5.14　模糊本体的FunctionObjectProperty映射到模糊关系数据库属性定义域对应表的*FK*。

规则5.15　模糊本体的InverseFunctionObjectProperty映射到模糊关系数据库属性值域对应表的*FK*。

规则5.16　模糊本体的Annotation属性映射到OWLAnnotation Metatable所在类对应的每一个表的*FK*。

规则5.17　模糊OWL 2本体公理FO_{Axiom}映射模糊关系模型的关系*FR*，具体如表5.2所列。

表5.2　模糊OWL 2本体公理到模糊关系数据库模型的映射规则

模糊OWL 2本体公理FO_{Axiom}	FRDBM
Class (FC_0 partial restriction (FDP_{01} allValuesFrom (FDR_{01}) Cardinality (1)) …restriction (FDP_{0n}) allValuesFrom (FDR_{0n}) Cardinality (1)) restriction(μ allValuesFrom(FDR_0) Cardinality(1))); DatatypeProperty (FDP_{0i} domain (FC_0) range (FDR_{0i}) [Functional]), $i \in \{1, \cdots, n\}$; DatatypeProperty (μ domain(FC_0) range(FDR_0) [Functional]).	本体的模糊类FC_0映射到模糊关系*FR*，且*FR*是不存在外键的模糊关系，即$\varphi(FC_0) \in FR$

表5.2（续）

模糊OWL 2本体公理FO_{Axiom}	FRDBM
SubClassOf（FC_0 FC_0'）	本体的模糊类FC_0,FC_0'映射到关系FR和FR',如果存在有关模糊类FC_0和FC_0'唯一的共同数据属性FDP_{0j},则$\varphi(FDP_{0j})$是FR和FR'的主键
Class（FC_0 partial restriction（FDP_{01} allValuesFrom（FDR_{01}） Cardinality（1））…restriction（FDP_{0n} allValuesFrom（FDR_{0n}） Cardinality（1）） restriction（μ allValuesFrom（FDR_0） Cardinality（1）））; Class（FC_0 partial restriction（FDP_{0j} allValuesFrom（FC_0'） Cardinality（1））; Class（FC_0' partial restriction（invof_FDP_{0j} allValuesFrom（FC_0'） Cardinality（1））; DatatypeProperty（FDP_{0i} domain（FC_0） range（FDR_{0i}）[Functional]），$i\in\{1,\cdots,n\}$; DatatypeProperty（μ domain（FC_0） range（FDR_0）[Functional]）; ObjectProperty（FDP_{0j} domain（FC_0） range（FC_0'）[Functional]）; ObjectProperty（invof_FDP_{0j} domain（FC_0'） range（FC_0）[Functional] inverseOf（FDP_{0j}））.	本体的模糊类FC_0,FC_0'映射到关系FR和FR',FDP_{0j}是模糊类FC_0相关的数据属性,则φ（FDP_{0j}）可以转换为FR的外键,$\varphi(FC_0)\in FR$,$\varphi(FC_0')\in FR'$,$\varphi(FC_0)$和$\varphi(FC_0')$是一对一的关系
Class（FC_0 partial restriction（FDP_{01} allValuesFrom（FDR_{01}） Cardinality（1））…restriction（FDP_{0n} allValuesFrom（FDR_{0n}） Cardinality（1）） restriction（μ allValuesFrom（FDR_0） Cardinality（1）））; Class（FC_0 partial restriction（FDP_{0j} allValuesFrom（FC_0'） cardinality（1））; Class（FC_0' partial restriction（invof_FDP_{0j} allValuesFrom（FC_0'） minCardinality（1））; DatatypeProperty（FDP_{0i} domain（FC_0） range（FDR_{0i}）[Functional]），$i\in\{1,\cdots,n\}$; DatatypeProperty（μ domain（FC_0） range（FDR_0）[Functional]）; ObjectProperty（FDP_{0j} domain（FC_0） range（FC_0'）[Functional]）; ObjectProperty（invof_FDP_{0j} domain（FC_0'） range（FC_0） inverseOf（FDP_{0j}））.	本体的模糊类FC_0,FC_0'映射到关系FR和FR',FDP_{0j}是模糊类FC_0相关的数据属性,则φ（FDP_{0j}）可以转换为FR的外键,$\varphi(FC_0)\in FR$,$\varphi(FC_0')\in FR'$,$\varphi(FC_0)$和$\varphi(FC_0')$是多对一的关系

表5.2（续）

模糊OWL 2本体公理FO_{Axiom}	FRDBM
Class（FC_0 partial restriction（FDP_{01} allValuesFrom（FDR_{01}） Cardinality（1））…restriction（FDP_{0n} allValuesFrom（FDR_{0n}） Cardinality（1））restriction(μ allValuesFrom(FDR_0) cardinality(1)))； Class（FC_0 partial restriction（FDP_{01} allValuesFrom（FC_{01}） cardinality（1)… restriction(FDP_{0n} allValuesFrom(FC_{0n}) cardinality(1))； Class（FC_{0i} partial restriction（invof_FDP_{0i} allValuesFrom（FC_0）minCardinality(1))，$i\in\{1,\cdots,n\}$； DatatypeProperty（FDP_{0i} domain（FC_0） range（FDR_{0i}）[Functional]），$i\in\{1,\cdots,n\}$； DatatypeProperty (μ domain(FC_0) range(FDR_0) [Functional])； ObjectProperty（FDP_{0i} domain（FC_0）range（FC_{0i}）[Functional]）； ObjectProperty（invof_FDP_{0i} domain（FC_{0i}） range（FC_0） inverseOf（FDP_{0i})），$i\in\{1,\cdots,n\}$.	本体的模糊类FC_0,FC_{0i}映射到关系FR和FR_i,FDP_{0i}是关于模糊类FC_0的数据属性,则$\varphi(FDP_{0i})$是模糊关系FR的外键,这些外键分别来自FR_i的主键，其中$i\in\{1,\cdots,n\}$,且$n\geqslant 2$

5.3.2 模糊OWL 2本体实例到模糊关系数据库的转换

基于5.3.1节给出的从模糊OWL 2本体结构到FRDBM模糊关系模式的转换方法，下面进一步研究如何将模糊OWL 2本体的实例信息转换到FRDBM。

在给出转换方法之前，首先简单回顾一下模糊OWL 2本体和FRDBM的中实例的形式化表示形式。模糊OWL 2本体是通过模糊个体公理来表示其实例信息，包括Individual (a type(FC_1) [$\bowtie m_1$]…value(FR_1, a_1) [$\bowtie k_1$]…value(FT_1, v_1) [$\bowtie l_1$]…)、SameIndividual($a_1,\cdots,a_n$)以及DifferentIndividuals($a_1,\cdots,a_n$)。其中，a_i表示抽象个体、v_i表示具体域个体、FC表示模糊类、FR_i和FT_i分别表示模糊对象属性和模糊数据类型属性，m_i，k_i，$l_i\in[0,1]$及$\bowtie\in\{\geqslant,>,\leqslant,<\}$，FRDBM是通过模糊关系集合(即元组集合，包括个体、值及它们之间的相互关系等)来描述领域信息，可以看成一个有限模糊断言的集合(详见5.2节)。基于上述内容，规则5.18给出了从模糊OWL 2本体实例到模糊关系FR实例$FR=\varphi(FI_0)$的转换方法。

规则5.18 模糊OWL 2本体的个体实例FI_0可以映射为模糊关系模型的元组t，该元组具有唯一的主键，并且包含隶属度μ_R，且$\varphi(FI_0) \in t$，如表5.3所列。

表5.3 模糊OWL 2本体实例FI_0到FRDBM中模糊关系FR的映射

模糊本体实例FI_0	模糊关系$FR = \varphi(FI_0)$
模糊本体中的个体标识符集FI_0	模糊关系FR中的个体$\varphi(FI_0)$(即二维表中的一个元组,该元组通过主键属性值唯一标识)
模糊个体公理： Individual (FI_{0i} type (FC_{0i}) [$\bowtie'$ n])。其中,$\bowtie' \in \{\geqslant, \leqslant\}$	对应模糊断言： $\varphi(FI_{0i})$: $\varphi(FC_{0i})$: n
模糊个体公理： Individual (⋯ FI_{0i} value(FDP_{0i}, v_i) [$\bowtie'$ n_i]⋯)。其中,$\bowtie' \in \{\geqslant, \leqslant\}$	对应模糊断言： $\varphi(FI_{0i})$: [⋯, $\varphi(FDP_{0i})$: $\varphi(v_i)$: n_i, ⋯]
模糊个体公理： Individual (FI_0 value (FOP_{0i}, FI_{0i}) [$\bowtie'$ n_i] ⋯) 和 Individual (FI_{0i} value(invof_FOP_{0j}, FI_0) [$\bowtie'$ n_i]⋯)。其中,InverseObjectProperties(FOP_{0i} FOP_{0j})成立,即FOP_{0i} = invof_(FOP_{0j})	对应模糊断言： $\varphi(FI_0)$: [⋯, $\varphi(FOP_{0i})$: $\varphi(FI_{0i})$: n_i, ⋯], $\varphi(FI_{0i})$: [⋯, $\varphi(FOP_{0i})$: $\varphi(FI_0)$: n_i, ⋯],其中$\varphi(FOP_{0i})$对应到模糊关系$\varphi(FI_0)$的外键属性

5.4 实例转换分析

为了更好地说明上面给出的模糊本体映射规则，图5.1给出一个模糊OWL 2本体，其中FC_0表示模糊本体中模糊类的标识符，该本体包括了6个模糊类，即{“Leader”，“Chief - Leader”，“Supervise”，“Young - Employee”，“Employee”，“Department”}；FDR_0表示模糊数据属性域，即表示数据的类型；FDP_0表示数据属性，即模糊类所包含的属性集合；FO_{Axiom}表示该本体包含的所有公理的集合，包含了模糊类之间的关系、模糊类的数据属性和对象属性及函数关系。下面根据映射规则将图5.1中的模糊本体FO映射为模糊关系数据库FS。映射主要分为以下五个阶段。

Step 1：根据模糊本体类FO_C = {“Leader”，“Chief-Leader”，“Supervise”，“Young-Employee”，“Employee”，“Department”}，利用规则5.1建立6个模糊关系模式，分别是表Leader、表Chief-Leader、表Supervise、表Young-Employee、表Employee和表Department。

Step 2：根据模糊本体数据类型的定义，通过规则4把模糊本体的XSD数据类型对应到SQL数据类型，即模糊关系FR_i所具有的属性A_i所对应的数据类型D_i。

Step 3：根据模糊本体数据属性的定义，利用规则5.2把FDP_0 = {leaID，lNumber，μ，clName，f_clAge，supID，empID，yeName，f_yeAge，eNumber，depID，dName，…}对应到模糊关系FR_i的属性A_i，即由Step 1所得到的六个二维表的属性。

Step 4：根据模糊本体对象属性的定义，把FOP_0 = {Sof，Sby，invof_Sof，invof_Sby}利用规则5.5~5.8对应成模糊关系数据库二维表之间的相互关系。

Step 5：根据前面所得的结果和模糊本体的公理和断言利用规则5.13~5.16得到模糊关系模式。

经过上面的处理过程，可以将图5.1中的模糊OWL 2本体映射为一个模糊关系数据库模型FRDBM。表5.4首先给出FRDBM的构成形式。其中，模糊关系模式集合FS中带有下画线的属性为主键PK，以f_开头的属性为模糊属性。此外，Young-Employee和Employee及Chief-Leader和Leader之间存在继承关系，Department和Young-Employee是一对多联系，Supervise是一个联系关系，该联系关系暗含着Chief-Leader和Young-Employee之间是多对多联系。

FO_C = {"Leader", "Chief-Leader", "Supervise", "Young-Employee", "Employee", Department"};
FDR_O= {xsd: String, xsd: Integer, xsd: Real};
FDP_O = {leaID, lNumber,clName, f_clAge, supID, empID, yeName, f_yeAge, eNumber, depID , dName… }
FOP_O = {Sof, Sby, invof_Sof, invof_Sby }
FOAxiom= {SubClass ("Young-Employee", "Employee"), SubClass ("Chief-Leader", "Leader");
Class(Leader partial restriction(leaID allValuesFrom(xsd: String) cardinality(1)) restriction(lNumber allValuesFrom(xsd: String) cardinality(1)) restriction(allValuesFrom(xsd: Real) cardinality(1));
DatatypeProperty (leaID domain (Leader) range (xsd: String) [Functional]);
DatatypeProperty (lNumber domain (Leader) range (xsd: String) [Functional]);
DatatypeProperty (μ domain (Leader) range (xsd: String) [Functional]);
Class(Chief-Leader partial restriction(leaID allValuesFrom(xsd: String) cardinality(1)) restriction(clName allValuesFrom(xsd: String) cardinality(1)) restriction(f_clAge allValuesFrom(xsd: Integer) cardinality (1)) restriction(allValuesFrom(xsd: Real) cardinality(1)));
DatatypeProperty (clName domain (Chief-Leader) range (xsd: String) [Functional]);
DatatypeProperty (f_clAge domain (Chief-Leader) range (xsd: Integer) [Functional]);
Objectproperty (leaID domain (Chief-Leader) range (Leader) [Functional]);
Objectproperty (Sof domain (Supervise) range (Young-employee) [Functional]);
Objectproperty (Sby domain (Supervise) range (Chief-Leader) [Functional]);
Class(Employee partial restriction(empID allValuesFrom(xsd: String) cardinality(1)) restriction(eNumber allValuesFrom(xsd: String) cardinality(1)) restriction(allValuesFrom(xsd: Real) cardinality(1)));
DatatypeProperty (empID domain (Leader) range (xsd: String) [Functional]);
DatatypeProperty (eNumber domain (Leader) range (xsd: String) [Functional]);
Class(Young-Employee partial restriction(empID allValuesFrom(xsd: String) cardinality(1)) restriction(yeNumber allValuesFrom(xsd: String) cardinality(1)) restriction(f_yeAge allValuesFrom(xsd: Integer) cardinality(1)) restriction(f_yeSalary allValuesFrom(xsd: Integer) cardinality(1)) dep_ID allValuesFrom(xsd: String) cardinality(1)) restriction(allValuesFrom(xsd: Real) cardinality(1)));
DatatypeProperty (yeNumber domain (Young-Employee) range (xsd: String) [Functional]);
DatatypeProperty (f_yeAge domain (Young-Employee) range (xsd: Integer) [Functional]);
DatatypeProperty (f_yeSalary domain (Young-Employee) range (xsd: Integer) [Functional]);
Objectproperty (dep_ID domain (Young-Employee) range (Employee) [Functional]);
Objectproperty (leaID domain (Chief-Leader) range (Leader) [Functional]);
Class(Department partial restriction(depID allValuesFrom(xsd: String) cardinality(1)) restriction(dName allValuesFrom(xsd: String) cardinality(1)) restriction(allValuesFrom(xsd: Real) cardinality(1)));
DatatypeProperty (depID domain (Leader) range (xsd: String) [Functional]);
DatatypeProperty (dName domain (Leader) range (xsd: String) [Functional]);
Class(Supervise partial restriction(supID allValuesFrom(xsd: String) cardinality(1)) restriction(lea_ID allValuesFrom(xsd: String) cardinality(1)) restriction(emp_ID allValuesFrom(xsd: String) cardinality (1)) restriction(allValuesFrom(xsd: Real) cardinality(1)));
DatatypeProperty (supID domain (Leader) range (xsd: String) [Functional]);
Objectproperty (lea_ID domain (Supervise) range (Leader) [Functional]);
Objectproperty (emp_ID domain (Supervise) range (Employee) [Functional]);
ObjectProperty (invof_Sof domain (Young - Employee) range (Supervise) InverseObjectProperties (Sof, invof_Sof);
ObjectProperty (invof_Sby domain (Chief - Leader) range (Supervise) InverseObjectProperties (Sby, invof_Sby));
Class (Young-Employee partial restriction (invof_Sof maxCardinality (m)));
Class (Young-Employee partial restriction (invof_Sof minCardinality (n)));
Class (Chief-Leader partial restriction (invof_Sby maxCardinality (s)));
Class (Chief-Leader partial restriction (invof_Sby minCardinality (t)))}.

图5.1　一个模糊OWL 2本体的结构信息

表5.4　从图5.1模糊OWL 2本体映射得到的模糊关系模式集合 *FS*

关系名	属性	外键和引用关系
Leader	leaID (String),lNumber (String),μ (Real)	no
Employee	empID (String),eNumber (String),μ (Real)	no
Chief-Leader	leaID (String),clName (String),f_clAge (Integer),μ (Real)	leaID (Leader(leaID))
Young-Employee	empID (String),yeName (String),f_yeAge (Integer),f_yeSalary (Integer),dep_ID,μ (Real)	empID (Employee(empID)) dep_ID (Department(depID))
Supervise	supID (String),lea_ID (String), emp_ID (String),μ (Real)	lea_ID (Chief-Leader(leaID)) emp_ID (Young - Employee (empID))
Department	depID (String),dName (String),μ (Real)	no

在上述结构信息转换的基础之上，图5.2给出了模糊OWL 2本体的实例信息FI_0，表5.5进一步给出从图5.2中模糊本体实例信息映射后得到的模糊关系集合$FR = \varphi(FI_0)$。最终，表5.4中的模糊关系模式集合FS和图5.3中的模糊关系集合FR构成了模糊关系数据库模型FRDBM。

模糊本体实例 $FO=(FC_O, FDT_O, FDP_O, FOP_O, FP_C, FH_C, FR_C, FO_{Axiom}, FI_O)$如下：

FI_O = { L001, L002, L003, E001, E002, D001, D002, D003, S001, S002, S003 } ;

FO_{Axiom} = {DifferentIndividuals(L001, L002, L003, E001, E002, D001, D002, D003, S001, S002, S003);

Individual (L001 type(Leader)[⋈′ 0.7]);

Individual (L002 type(Leader)[⋈′ 0.9]);

Individual (L003 type(Leader)[⋈′ 0.8]);

Individual (L001 value(leaID, L001)value(lNumber, 001)value(μ, 0.7));

Individual (L002 value(leaID, L002)value(lNumber, 002)value(μ, 0.9));

Individual (L003 value(leaID, L003)value(lNumber, 003)value(μ, 0.8));

Individual (E001 type(Employee)[⋈′ 0.8]);

Individual (E002 type(Employee)[⋈′ 0.9]);

Individual (E001 value(empID, E001)value(eNumber, 001)value(μ, 0.8));

Individual (E002 value(empID, E002)value(eNumber, 002)value(μ, 0.9));

Individual (L001 type(Chief-Leader)[⋈′ 0.65]);

Individual (L003 type(Chief-Leader)[⋈′ 0.7]);

Individual (L001 value(leaID, L001)value(clName, Chris)value(f_clAge, 35)[⋈′ 0.8]… value(μ, 0.65));

Individual (L003 value(leaID, L003)value(clName, Billy)value(f_clAge, 37)value(μ, 0.7));

Individual (E001 type(Young-Employee)[⋈′ 0.75]);

Individual (E002 type(Young-Employee)[⋈′ 0.85]);

Individual (E001 value(empID, E001)value(yeName, John)value(f_yeAge, 24)[⋈′ 0.7]… value(f_yeSalary, 3000)[⋈′ 0.4] value(dep_ID, D001)value(μ, 0.75));

Individual (E002 value(empID, E002)value(yeName, Mary)value(f_yeAge, 23)…value(f_yeSalary, 4500)[⋈′ 0.7] value(dep_ID, D003)value(μ, 0.85));

Individual (D001 type(Department)[⋈′ 0.8]);

Individual (D002 type(Department)[⋈′ 0.9]);

Individual (D003 type(Department)[⋈′ 0.7]);

Individual (D001 value(depID, D001)value(dName, HR)value(invof_dep_ID, E001)value(μ, 0.8));

Individual (D002 value(depID, D002)value(dName, Finance)value(μ, 0.9));

Individual (D003 value(depID, D003)value(dName, Sales)value(invof_dep_ID, E002)value(μ, 0.7));

Individual (S001 type(Supervise)[⋈′ 0.78]);

Individual (S002 type(Supervise)[⋈′ 0.8]);

Individual (S003 type(Supervise)[⋈′ 0.9]);

Individual (S001 value(supID, S001)value(lea_ID, L001)value(emp_ID, E001)value(μ, 0.78));

Individual (L001 value(invof_lea_ID, S001));

Individual (E001 value(invof_emp_ID, S001));

Individual (S002 value(supID, S002)value(lea_ID, L001)value(emp_ID, E002)value(μ, 0.8)); …}

图5.2　与图5.1模糊OWL 2本体对应的实例信息

Leader

leaID	lNumber	μ
L001	001	0.7
L002	002	0.9
L003	003	0.8

Employee

empID	eNumber	μ
E001	001	0.8
E002	002	0.9

Chief-Leader

leaID	clName	f_clAge	μ
L001	Chris	{35/0.8, 39/0.9}	0.65
L003	Billy	37	0.7

Young-Employee

empID	yeName	f_yeAge	f_yeSalary	dep_ID	μ
E001	John	{24/0.7, 25/0.9}	{2000/0.3, 3000/0.4}	D001	0.75
E002	Mary	23	{4000/0.5, 4500/0.7, 5000/1.0}	D003	0.85

Department

depID	dName	μ
D001	HR	0.8
D002	Finance	0.9
D003	Sales	0.7

Supervise

supID	lea_ID	emp_ID	μ
S001	L001	E001	0.78
S002	L001	E002	0.8
S003	L003	E002	0.9

图5.3　由图5.2中模糊OWL 2本体实例信息映射得到的模糊关系集合*FR*

5.5　合理性证明

以上给出了从模糊OWL 2本体到模糊关系数据库模型FRDBM的转换规则，下面给出映射方法的合理性证明。从以上转换过程可以看出，映射过程相当于实现从模糊本体到模糊关系数据库的转换。已有文献［138，140］指出并证明了如果两个模式的转换能够保持信息容量，则认为正确的模式转换。为此，下面定理5.1说明了上述存储过程是信息容量的存储，进而说明该方法的正确性。

定理5.1 给定一个模糊本体$FO=(FC_0, FDT_0, FDP_0, FOP_0, FP_C, FH_C, FR_C, FO_{Axiom}, FI_0)$，通过5.3节转换规则可以得到模糊关系数据库模式$\varphi(FO)$，并且存在两个映射$\alpha_{FO}$和$\beta_{FO}$，使得：

①对于模糊本体FO的实例I_{FO}，存在一个从I_{FO}到$\varphi(I_{FO})$相对应的实例映射α_{FO}，且对任意$\varphi(FI)$的模型FS，$\alpha_{FO}(FI)$是与FS相对应的模糊关系FR；

②β_{FO}是从$\varphi(I_{FO})$相对应的实例(即模糊关系FR)到模糊本体I_{FO}的映射，且对于每一个FR，$\beta_{FO}(FR)$是I_{FO}的一个模型。

证明：从5.3节可知，一个模糊本体FO是模糊类FC_0的集合，模糊类FC_0可以看成一个解释$FC_0=(\Delta^{FC}, \cdot^{FC})$。其中，$\Delta^{FC}$是$FC$的模糊标识符的集合，$\cdot^{FC}$是模糊公理的集合，该公理集合包括类公理、属性公理和个体公理。给定一个模糊本体模型FI，与FI相应的模糊关系模式$\varphi(FC_0)$的模型$\alpha_{FO}(FC_0)$可以定义如下。

• $\varphi(FC_0)$的模型$\alpha_{FO}(FC_0)$的解释域$\Delta^{\alpha_{FO}(FC)}$可由值域Δ^{FC}得到。

• $\varphi(FC_0)$中的原子模糊属性集合A，模糊数据集合D和模糊关系集合FR分别解释如下：对于任意$X\in D_i\cup A_i\cup FR_i$，有$X^{FC}=(\varphi(X))^{\alpha_{FO}(FC)}$；对于模糊关系$FR$的外键属性$FK_i$，且该外键属性引用模糊关系$FR_i$，有$(FK_i)^{\alpha_{FO}(FC)}=\{(FOP, FOP_i)\in\Delta^{\alpha_{FO}(FC)}\times\Delta^{\alpha_{FO}(FC)}\mid FOP\in FOP^{FC}, FOP_i\in FOP_i^{FC}\}$；对于模糊关系$FR$的非外键属性$\varphi(FDP_i)$，有$(FDP_i)^{\alpha_{FO}(FC)}=\{(FDP, FDP_i)\in\Delta^{\alpha_{FO}(FC)}\times\Delta^{\alpha_{FO}(FC)}\mid FDP\in FDP^{FC}, FDP_i\in FDP_i^{FC}\}$。

下面证明定理5.1的第一部分，即证明$\alpha_{FO}(FC)$是$\varphi(FC)$的一个模型。

①假如模糊本体$FC\sqsubseteq\forall FDP_1\cdot FDR_1\sqcap\cdots\sqcap\forall FDP_n\cdot FDR_n\sqcap\forall\mu\cdot FDR_\mu\sqcap(=1\ FDP_1))\sqcap\cdots\sqcap(=1\ FDP_n)\sqcap(=1\ \mu)$。根据$\alpha_{FO}(FC)$的定义，对于一个实例$FC\in(\varphi(FC))^{\alpha_{FO}(FC)}\in\Delta^{\alpha_{FO}(FC)}$，有$\varphi(FC)\in\varphi(FC)^{\varphi(FC)}$，即存在一个模糊类对应的模

糊关系$\varphi(FC)$，且$\varphi(FC)$包含属性$\varphi(FDP_i)$标记的元组。根据模糊本体属性的基数限制特性，则存在唯一的$(\varphi(FDP),\ \varphi(FDR_i))\in\varphi(FC)^{FC}\in A_i^{FR}$。其中，$\varphi(FC)\in\varphi(FC)^{\varphi(FC)}$，$\varphi(FDR_i)\in\varphi(FDR_i)^{\varphi(FC)}$。由$\alpha_{FO}(FC)$的定义，有$\varphi(FDR_i)\in\varphi(FDR_i)^{\varphi(FC)}\in(\varphi(FDR_i))^{\alpha_{FO}(FC)}\in D_i^{FR}$和$\varphi(FDP_i)\in\varphi(FDP_i)^{\varphi(FC)}\in(\varphi(FDP_i))^{\alpha_{FO}(FC)}\in A_i^{FR}$，即对于任意的实例$FC\in(\varphi(FC))^{\alpha_{FO}(FC)}\in\Delta^{\alpha_{FO}(FC)}$，存在$\varphi(FDR_i)\in(\varphi(FDR_i))^{\alpha_{FO}(FC)}$，使得$(\varphi(FDP),\ \varphi(FDR_i))\in(\varphi(FC_i))^{\alpha_{FO}(FC)}$。

②假如模糊本体$FC\sqsubseteq\forall FDP_1\cdot FDR_1\sqcap\cdots\sqcap\forall FDP_n\cdot FDR_n\sqcap\forall\mu\cdot FDR_\mu\sqcap(=1\ FDP_1))\sqcap\cdots\sqcap(=1\ FDP_n)\sqcap(=1\ \mu)$，$FC\sqsubseteq\forall FOP_1\cdot FC_1\sqcap\cdots\sqcap\forall FOP_n\cdot FC_n\sqcap(=1\ FC_1))\sqcap\cdots\sqcap(=1\ FC_n)$，$FC_i\sqsubseteq\forall FOP_i^-\cdot FC(\geq 1\ FC)$，$FOP_i\sqsubseteq\forall FC\cdot FC_i$，$FOP_i^-\sqsubseteq\forall FC_i\cdot FC$。根据上面$\alpha_{FO}(FC)$的定义，有$(\varphi(FC))^{\alpha_{FO}(FC)}\subseteq\{FC\mid\forall FC_i\cdot<FC,\ FC_i>\in FOP_i^{FC}\ FOP_i^-\ (\varphi(FOP_i))^{\alpha_{FO}(FC)}\rightarrow FC_i\in FC_i^{FC}\in(\varphi(FC_i))^{\alpha_{FO}(FC)}\}$，且$FOP_i$取值唯一。另外，由于对象属性$FOP_i$被映射为$FOP_i^{FC}\subseteq FC^{FC}\times FC_i^{FC}\subseteq\Delta^{FC}\times\Delta^{FC}$，则由上面$\alpha_{FO}(FC)$定义可知，$(\varphi(FOP_i))^{\alpha_{FS}(FC)}\subseteq(\varphi(FC))^{\alpha O(FC)}\times(\varphi(FC_i))^{\alpha_{FO}(FC)}$，再由对象逆属性的定义可知$((\varphi(FOP_i))^{\alpha_{FO}(FC)})^-\subseteq(\varphi(FC_i))^{\alpha_{FO}(FC)}\times(\varphi(FC))^{\alpha_{FO}(FC)}$。若有外键$\varphi(FOP_i)\in FK_i(i\geqslant 1)$，且该外键引用关系$\varphi(FC_1)$，…，$\varphi(FC_n)$的对象属性，对于一个实例$FC_0\in(\varphi(FC))^{\alpha_{FO}(FC)}\in\Delta^{\alpha_{FO}(FC)}$，根据上面$\alpha_{FO}(FC)$的定义，有$FR\in FR^{FR}$，且$FR$是由形如［$\varphi(FOP_1)$：$\varphi(FC_1)$，…，$\varphi(FOP_n)$：$\varphi(FC_n)$］的元组构成的集合，其中$n\geqslant 1$，$FC_i\in FC_i^{FC}$，这里对应$\varphi(FDP_i)$非外键属性被省略。再由属性的单值性可知存在唯一的$FR_i\in FR_i^{FR}$使得$<FR,\ FR_i>\in FK_i^{FR}$。进一步地，对于$FC\in FC^{FC}$，存在$FC_i\in FC_i^{FC}$使得$<FC,\ FC_i>\in FOP_i^{FC}\in(\varphi(FOP_i))^{\alpha_{FO}(FC)}$，再由$((\varphi(FOP_i))^{\alpha_{FO}(FC)})^-\subseteq(\varphi(FC_i))^{\alpha_{FO}(FC)}\times(\varphi(FC))^{\alpha_{FO}(FC)}$可知，$(\varphi(FC_i))^{\alpha_{FO}(FC)}\subseteq\{FC_i\mid\forall FC\cdot<FC_i,\ FCR>\in((\varphi(FOP_i))^{\alpha_{FO}(FC)})^-\rightarrow FC\in(\varphi(FC))^{\alpha_{FO}(FC)}\}$，且$FC_i$取值不唯一。综上所述，也就是说，$\alpha_{FO}(FC)$满足模糊关系数据库的定义。

定理5.1中的两部分是一个互逆过程，第二部分的证明过程可由上述第一部分的证明类似给出，这里不再赘述。

5.6 本章小结

为了实现本体工程中模糊本体的持久化管理，本章提出了模糊OWL 2本体再工程到模糊关系数据库模型的转换方法，并结合实例分析和理论证明说明了所提出的转换方法的合理性，从而为模糊本体的数据库持久化存储的实现奠定坚实的理论基础。后续工作将开发支持所提映射方法的原型系统，进而从实验的角度验证所提映射方法的有效性。

需要指出的是，作为当前数据库主流模型并被广泛使用的关系数据库适用于事务处理应用领域；在一些非事务处理应用领域（如生物工程、计算机辅助设计、地理信息系统），面向对象数据库用于表示和处理复杂对象及复杂关系。本章给出了基于模糊关系数据库模型的模糊本体再工程的方法，下一章将提出基于模糊面向对象数据库模型的模糊本体再工程方法。

第6章　基于模糊面向对象数据库模型的模糊OWL 2本体再工程

面向对象数据库是在关系数据库之后出现的一种数据库类型，主要用于非事务处理应用领域中复杂对象和复杂关系的表示和处理，并且已被用于大规模本体的存储。与关系数据库相比，面向对象数据库能够以自然的方式表示本体中的概念及概念之间的语义关系。近年来，为了建模含模糊信息的复杂对象，研究者提出了模糊面向对象数据库(fuzzy object-oriented database，简称FOOD)模型，这为模糊本体基于模糊面向对象数据库模型的再工程提供了理论基础。将模糊OWL 2本体再工程到模糊面向对象数据库模型，将有助于模糊本体的持久化管理。为此，本章研究基于模糊面向对象数据库模型的模糊OWL 2本体再工程方法。

本章6.1节是引言部分；6.2节给出模糊面向对象数据库模型的形式化定义；6.3节提出模糊OWL 2本体到模糊面向对象数据库模型的映射方法；6.4节给出一个模糊OWL 2本体映射到模糊面向对象数据库模型的转换实例；6.5节给出映射方法的合理性证明；6.6节是本章小结。

6.1　引言

随着语义Web技术在不同领域的广泛使用，出现语义信息更为丰富的本体信息，而传统关系数据库模型已经不足以表达OWL 2本体中复杂的语义信息，而面向对象的数据库(object-oriented database)模型既支持面向对象意义下描述和处理对象及对象之间的复杂语义关系，又具有传统数据库系统数据管理的便利。随着面向对象的数据库的深入研究，利用面向对象数据库在数据管理方面的成熟技术，基于面向对象数据库支持的本体再工程问题得到了许多研究者的关注[38]。

为了实现模糊本体的持久化管理，本书的第5章提出了基于模糊关系数据库模型的模糊本体再工程方法，然而模糊关系数据库不足以表达包含更为复杂的模糊对象，为了表示和处理这样的模糊信息，基于模糊面向对象数据库在模糊数据表示和处理方面取得了一定的成果[85-91]，这就为基于模糊面向对象数据库的模糊本体再工程提供了理论基础，将成为本体持久化管理的重要研究问题之一。

本章研究基于FOOD模型的模糊OWL 2本体再工程方法。首先，给出FOOD模型的形式化定义；其次，给出模糊OWL 2本体到FOOD模型的转换规则，并详细说明其转换过程；最后，结合实例和理论证明说明所提方法的合理和可行性。

6.2 模糊面向对象数据库模型

在现实世界中，信息通常是不精确和不确定的，模糊面向对象数据库(FOOD)模型[24, 85-102]就是在传统面向对象数据库模型上的模糊扩展。一个FOOD模型主要包括模糊对象、模糊属性、方法、模糊类、模糊继承关系等概念。

(1)模糊对象

对象是现实世界的实体或抽象概念，每一个对象由一个对象标识符(OID)唯一标识。如果对象是模糊的，形式上至少有一个属性值是模糊的。

(2)模糊属性

一个对象的静态结构属性(attributes)形成一个对象的数据结构，它们的值定义了对象的内部状态，如果属性的域是模糊的，则称该属性为模糊属性。一个对象的模糊属性值可能是一个模糊集或者一个可能性分布。例如，一个人Lucy的身高取值为模糊集“很高”或可能性分布{1.75/0.6，1.80/0.85，1.93/1}。

(3)方法

一个对象的动态行为属性(即方法)用于描述对象上的操作，行为则是一组方法的集合。此外，一个对象的动态属性也可能是模糊属性，即方法的返回结果是模糊的。例如，方法isMan()：String用于表示返回一个对象所属的性别，其中，isMan表示方法名、()表示输入参数为空、String表示返回值类型，则对象Lucy通过调用该函数返回值为“{Yes/0.4}”，表示Lucy的性别是“男”的可能性为0.4。

(4)模糊类

类由具有相同属性的对象组成类，如果一个类是模糊的，主要有以下几方面的原因[85-87，141]。

• 一个外延定义的类(即该类是由它的对象定义而成)，若其中某些对象是模糊对象，则该类可能是模糊类。此时，一个对象属于该类带有介于[0，1]的隶属度。

• 一个内涵定义的类(即该类是由属性集合定义而成)，若其中某些属性的值域是模糊的，则该类是模糊类。

• 由一个模糊类通过继承关系产生的子类，以及由一些类(至少有一个是模糊类)通过概化产生的超类都可能是模糊类。

• 在FOOD模型中，一个额外的属性$\mu \in (0, 1]$被引入，用于表示一个对象属于该类的隶属度；

• 一个模糊关键字FUZZY置于属性前，表示该属性是模糊属性。

图6.1给出了一个模糊类Corporate-Customer(与图4.8中给出的模糊UML数据模型中的模糊类Corporate-Customer相类似)。

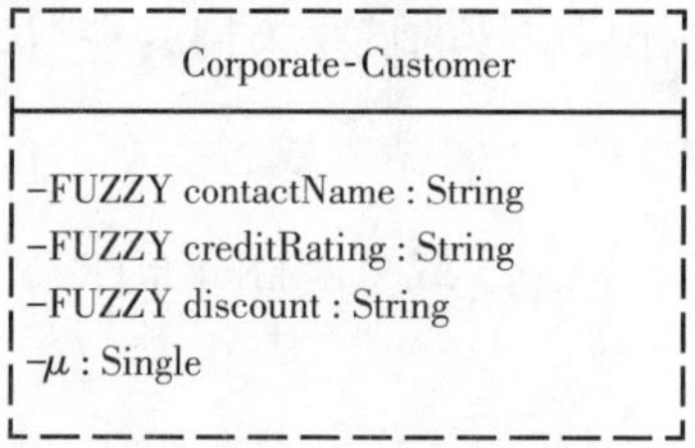

图6.1　一个FOOD模型中的模糊类

（5）模糊继承关系

类继承(inheritance)是类概化(generalization)的一个特例，用于表示子类和超类之间的关系。在FOOD模型中，一个由模糊类生成的类一定是模糊的，如果前者仍叫子类、后者仍叫超类的话，则此时的子类/超类关系是模糊的，任一对象属于子类的隶属度一定不大于它属于超类的隶属度。换句话说，一个类是另一个类的子类的隶属度介于[0，1]，而几个继承关系的类可以组合在一起形成类层次结构。

图6.2给出一个类概括关系(与图4.2相类似)，表示Customer是由Corporate Customer和Personal-Customer构成。由于超类Customer是模糊类，其子类Young-Employee和Old-Employee也是模糊的。

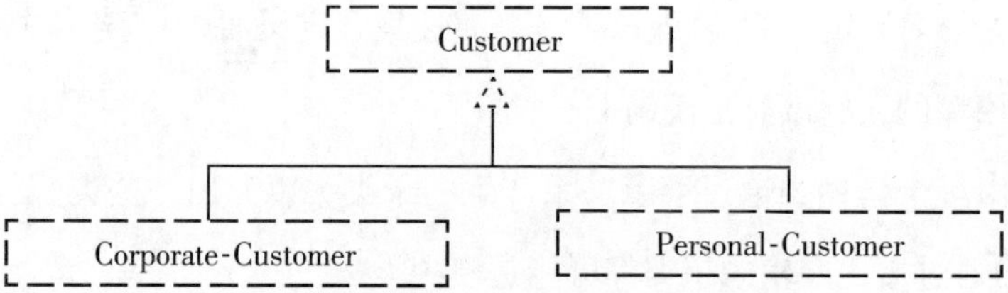

图6.2　一个模糊FOOD模型的概化关系

从以上内容可以发现，一个FOOD模型的模糊性可能出现在三个不同层面[85，102，141-142]，即属性层、对象/类层及子类/超类层。

• 第一级是属性层，即每个属性与一个属性域相关联，并且属性可以是非模糊属性或模糊属性。例如，一个雇员Lucy的身高值是一个可能性分布{1.75/0.6，1.80/0.85，1.93/1}。

• 第二级是对象/类层，即一个对象属于类的隶属度介于[0，1]，一个附加属性$\mu \in [0, 1]$被引入类中用于表示一个对象属于类的隶属度。例如，雇员Chris属于Young-Employee类的可能性是0.9。

• 第三级是子类/超类层。在子类/超类的关系中，任何对象属于子类的隶属度都不大于它属于超类的隶属度。因此，模糊的面向对象数据库模型中的模糊子类/超类关系可以利用对象属于类的隶属度来评估[142-144]。

基于以上内容，下面进一步给出一个FOOD模型的形式化定义[24，85-87]。

定义6.1（FOOD模型的形式化定义） FOOD模型是由一组对象、类、属性、属性域和类描述组成的元组$FOOD_{FS}=(FO_{FS}, FD_{FS}, FC_{FS}, FA_{FS}, FP_{FS})$及对象集$FOOD_{FO}$。其中：

①FO_{FS}是一组对象FO符合的有限集合，其中每个对象都有唯一的标识符。

②FD_{FS}是一组属性域FD的集合，其中包括精确域和模糊域。例如，模糊属性“FUZZY_age”的域是一个模糊域fdom1 = {young，middle，old}。

③FC_{FS}是一组模糊类FC的集合。

④FA_{FS}是一组属性FA的集合，每个属性FA与其相应的域FD相关联，模糊关键字FUZZY在属性前面表示该属性是模糊属性。

⑤FP_{FS}是一组类的定义，对于每个类$FC \in FC_{FS}$，FP_{FS}包含该类的声明：

Class FC <u>is-a</u> FC_{sup}/β <u>type-is</u> FT。

FT根据以下语法表达式构成：

$FT \rightarrow \{FO_1/\mu_1, FO_2/\mu_2, \cdots, FO_n/\mu_n\}$ <u>End</u> |

<u>Union</u> $FC_1, \cdots, FC_k$ （disjoint，complete） <u>End</u> |

<u>Record</u> $FA_1: FT_1, \cdots, FA_k: FT_k, \mu: Real, f(P_1, \cdots, P_m): R$ <u>End</u>

其中，FT_i定义如下($i \in \{1, \cdots, k\}$)：

$FT_i \rightarrow FD_i$ |

Set-of FC_i/η_i [(m_1, n_1), (m_2, n_2)]

⑥FOOD$_{FO}$是一组用于描述对象属性值的对象声明，对于每个对象 $FO \in FO_{FS}$，FO belong-to FC/μ

has-value [FA_1: FD_1, FA_2: FD_2, …] End.

其中：

- “type-is”通过类型表达式FT来描述类FC的结构；
- “is-a”部分是可选项，表示模糊类之间具有隶属度为$\beta \in [0, 1]$的继承关系；
- 表达式$\{FO_1/\mu_1, FO_2/\mu_2, \cdots, FO_n/\mu_n\}$表示$FC$是由它的对象实例$\{FO_1/\mu_1, FO_2/\mu_2, \cdots, FO_n/\mu_n\}$描述的外延类，每个对象$FO_i$属于类$FC$的隶属度为$\mu_i \in [0, 1]$；
- “Union…End”表示一个类层次结构；
- “Record…End”表示模糊类FC由一组属性来描述；使用附加属性$\mu \in [0, 1]$表示对象属于类FC的隶属度；$f(P_1, \cdots, P_m)$：R表示一种方法，其中f是方法的名称，P_1，…，P_m是该方法的m个参数，R是方法的结果；
- “Set-of ”（即 Class FC type-*is* Record FA_i: Set-of FC_i/η_i [(m_1, n_1), (m_2, n_2)] End）表示模糊类FC和具有属性FA_i的模糊类FC_i之间的关联关系；$\eta_i \in [0, 1]$表示关联发生在类FC和FC_i的隶属度η_i；[(m_1, n_1), (m_2, n_2)]指定了类的每个对象实例可以参与该关联关系至少m_i次和最多n_i次；
- “belong-to”表示一个对象FO属于模糊类FC所具有的隶属度$\mu \in [0, 1]$；“has-value”部分表示对象FO的属性值，该属性在对象所属模糊类FC中得到定义。

模糊面向对象数据库FOOD模型[86]的语义可以通过模糊数据库状态(即对象实例集)给出，即通过指定某个模糊数据库状态(如对象信息)和与其对应的

FOOD模型的模式结构(如模式信息)。

定义6.2 (FOOD模型的语义) FOOD模型的语义可以由模糊数据库状态 FJ 给出，该模糊数据库状态由模糊解释 $FJ_{FD}=(FV_{FJ}, \pi^{FJ}, \rho^{FJ}, \cdot^{FJ})$ 描述[85-87]。

①模糊集合 $FV_{FJ}=FD^{FJ}\cup FO^{FJ}\cup FR^{FJ}\cup FS^{FJ}$ 的定义如下：

- $FD^{FJ}=\bigcup_{i=1}^{n}FD_i^{FJ}$，其中 FD_i 是一个经典或模糊域；
- $FO^{FJ}=\{FO_1/\mu_1, \cdots, FO_n/\mu_n\}$，其中 FO_i 是具有隶属度 μ_i 的对象；
- FR^{FJ} 是一组记录集合，记录值由 $[FA_1: FV_1, \cdots, FA_k: FV_k]$ 组成，其中 FA_i 是一个属性，$FV_i\in FV_{FJ}$，$i\in\{1, \cdots, k\}$；
- FS^{FJ} 是一组"set-values"集合。"set-values"由 $\{FV_1, \cdots, FV_k\}$ 表示，其中 $FV_i\in FV_{FJ}$，$i\in\{1, \cdots, k\}$；

②函数 π^{FJ} 是将一个类映射到一组对象，即给每个类 FC 分配 FO^{FJ} 的一个子集；

③函数 ρ^{FJ} 将一个对象映射到它的属性值；

④函数 $\cdot^{FJ}$ 将每个类表达式 FT 映射到集合 FT^{FJ} 上，其方式如下：

- 如果 FT 是一个类 FC，那么 $FT^{FJ}=FC^{FJ}=\pi^{FJ}(FC)$；
- 如果 FT 是一组记录类型 Record… End (或者一个集合 Set-of…)，则 FT^{FJ} 是一组记录值 FR^{FJ}；
- 如果 FT 是联合类型 Union $FC_1, \cdots, FC_q$ (disjoint, complete) End，则 $FT^{FJ}=FC_1^{FJ}\cup\cdots\cup FC_q^{FJ}$ 和 $FC_i^{FJ}\cap FC_j^{FJ}=\varnothing$，其中 $i, j\in\{1, \cdots, q\}$，$i\neq j$。

如果模糊数据库状态满足FOOD模型的所有约束，则认为它是可接受的，即合法的模糊数据库状态(见定义6.3)。

定义6.3 给定FOOD模型中的每个类描述：Class FC is-a $FC_1, \cdots, FC_n$ type-is FT，一个模糊数据库状态 FJ 被认为合法的，当且仅当满足如下条件：

①对于每个模糊对象 $FO\in\pi^{FJ}(FC)$，$i\in\{1, \cdots, n\}$，$\beta\leqslant FC^{FJ}(FO)\leqslant FC_i^{FJ}(FO)$

成立；

②$\rho^{FJ}(FC^{FJ}) \subseteq FT^{FJ}$。

6.3 模糊OWL 2本体到模糊面向对象数据库模型的转换

本节提出将模糊OWL 2本体再工程到FOOD模型的形式化方法。一个模糊OWL 2本体包含本体结构和本体实例两部分，结构信息由定义在概念和属性上的模糊类和属性公理表示，实例信息由定义在概念、属性和个体上的模糊个体公理表示。一个FOOD模型主要通过类、属性、对象及继承等概念来模拟领域信息。表6.1首先给出模糊OWL 2本体和FOOD模型中主要元素的对象关系。

表6.1 模糊OWL 2本体与模糊面向对象数据库FOOD模型中主要元素的对应关系

模糊 OWL 2 本体	FOOD 模型
Fuzzy class identifiers	A set of fuzzy class FC_{FS}
Data rang identifiers	A set of fuzzy domain FD_{FS}
Datatype property identifiers	A set of fuzzy attribute FA_{FS}
Fuzyy individual identifiers	A set of fuzzy object FO_{FS}
Object property identifiers	A set of fuzzy attribute FA_{FS}
Fuzyy individual axioms	A set of fuzzy class identifier FP_{FS}
Fuzzy class/ propert axioms	A set of fuzzy class identifier FP_{FS}

基于表6.1，下面进一步给出模糊本体结构到FOOD模型的转换规则。给定一个模糊OWL 2本体模型 $O_F = (FOP_0, FDP_0, FDR_0, FC_0, FP_C, FR_C, FH_C, FO_{Axiom}, FI_0)$，通过以下映射函数 φ，可以得到映射后的FOOD模型。

规则6.1 模糊本体实例FI_0对应到FOOD模型的模糊对象FO，即$\varphi(FI_0) \subseteq FO \in FO_{FS}$。

规则6.2 模糊本体类标识FC_0对应到FOOD模型类FC，即$\varphi(FC_0) \subseteq FC \in FC_{FS}$。

规则6.3 模糊数据属性标识FDP_0对应到FOOD模型的简单模糊属性FA中，即$\varphi(FDP_0) \subseteq FA \in FA_{FS}$，其中属性域可能是经典域或模糊域。

规则6.4 如果某个模糊类标识FC_0包含四个模糊对象属性$\varphi(FU_1) \in FA$，FW_1= invof_$\varphi(FU_1) \in FA$，$\varphi(FU_2) \in FA$，FW_2= invof_$\varphi(FU_2) \in FA$。其中，FW_1和FW_2分别表示$\varphi(FU_1)$和$\varphi(FU_2)$的逆属性。该模糊类对应到FOOD模型的模糊属性$\varphi(FOP_0) \subseteq FA \in FA_{FS}$，该属性表示类之间的关联关系。

规则6.5 模糊数据类型集FDT_0对应到FOOD模型的模糊域FD，即$\varphi(FDT_0) \subseteq FD \in FD_{FS}$。

规则6.6 模糊对象属性标识FOP_0对应到FOOD模型的一个对象FO，即$\varphi(FDT_0) \subseteq FD \in FD_{FS}$。

规则6.7 模糊类的关系集合FH_C，FP_C对应到FOOD模型的属性集FA，即$\varphi(FH_C)$，$\varphi(FP_C) \subseteq FA \in FA_{FS}$。

规则6.8 模糊对象属性的基数限制(m_i和n_i)对应FOOD模型类的关联关系中对象实例参与最少次数m_i和最多次数n_i。

规则6.9 模糊本体的枚举类公理EnumeratedClass(FC_0(FC_{01}，μ_1)，…，(FC_{0n}，μ_n))对应到FOOD类描述如下：

Class $\varphi(FC_0)$ <u>type-is</u> {$\varphi(FC_{01})/\mu_1$，…，$\varphi(FC_{0n})/\mu_n$} End，其中$\varphi(FC_0)$，$\varphi(FC_{0i}) \in FC_{FS}$，$\mu_i \in [0, 1]$，$i \in \{1, \cdots, n\}$。

规则6.10 模糊本体类之间的分类或层次关系SubClassOf ($FC_{0i}\,FC_{0j}\,\beta$)对应到FOOD类描述如下：

Class $\varphi(FC_{0i})$ <u>is-a</u> $\varphi(FC_{0j})/\beta$，其中$\varphi(FC_{0i})$，$\varphi(FC_{0j}) \in FC_{FS}$，$\beta \in [0, 1]$，$i$，

$j \in \{1, n\}$。

规则6.11 模糊本体的关系公理Class(FC_0 complete UnionOf (FC_{01}, …, FC_{0q})), DisjointClasses(FC_{0i}, FC_{0j})(其中$i \neq j$, i, $j \in \{1, \cdots, q\}$)对应到FOOD类描述如下：

Class $\varphi(FC_0)$ type - is Union $\varphi(FC_{01})$, …, $\varphi(FC_{0q})$ (disjoint, complete) End，其中$\varphi(FC_0)$，$\varphi(FC_{0i}) \in FC_{FS}$。

规则6.12 模糊类公理Class (FC_0 partial…restriction (FDP_{0i} allValuesFrom (FDT_{0i}) cardinality (1))…)对应到FOOD模型的模糊类描述如下：

Class $\varphi(FC_0)$ type is

Record…, $\varphi(FDP_{0i})$: $\varphi(FDT_{0i})$, … End，其中$\varphi(FC_0) \in FC_{FS}$，$\varphi(FDP_{0i}) \in FA_{FS}$，$\varphi(FDT_{0i}) \in FD_{FS}$。

规则6.13 模糊复合类描述公理类Class(FC_0 partial restriction (FOP_{01} allValuesFrom (FDT_{01}) cardinality (1))…restriction (FOP_{0k} allValuesFrom (FDT_{0k}) cardinality (1))); DatatypeProperty (FOP_{0i} domain (FC_0) range (FDT_{0i}) [Functional])对应到FOOD模型的模糊类描述如下：

Class $\varphi(FC_0)$ type is

Record $\varphi(FOP_{01})$: $\varphi(FDT_{01})$, …, $\varphi(FOP_{0k})$: $\varphi(FDT_{0k})$, …, End，其中$\varphi(FC_0) \in FC_{FS}$，$\varphi(FOP_{0i}) \in FA_{FS}$，$\varphi(FDT_{0i}) \in FD_{FS}$。

规则6.14 模糊复合类公理Class(FC_0 partial restriction (FW_1 allValuesFrom (FC_{01}) Cardinality (1)) restriction (FW_2 allValuesFrom (FC_{02}) Cardinality (1))); Class(FC_{0i} partial restriction (FW_i allValuesFrom (FC_0))); Class(FC_{0i} partial restriction (FW_i minCardinality (m_i))); Class(FC_{0i} partial restriction (FW_i maxCardinality (n_i))); ObjectProperty (FU_i domain (FC_0) range (FC_{0i})); ObjectProperty (FW_i domain (FC_{0i}) range (FC_0) inverseOf (FU_i))。(其中FU_i, $FW_i \in FOP_0$和FW_i = invof_(FU_i)，FW_i表示FU_i的逆属性，$i \in \{1, 2\}$对应到模糊类描述如下：

Class $\varphi(FC_{01})$ type-is Record $\varphi(FC_0)$:

Set-of $\varphi(FC_{02})/\eta$ [(m_1, n_1), (m_2, n_2)]，其中 $FT\rightarrow$ Set-of $\varphi(FC_{02})/\eta$ [(m_1, n_1), (m_2, n_2)]，$\varphi(FC_{01})$，$\varphi(FC_{02})\in FC_{FS}$，$\varphi(FC_0)\in FA_{FS}$，$\eta\in[0, 1]$。

规则6.15　模糊复合类公理Class (FC_0 partial restriction (f allValuesFrom (R) maxCardinality(1)))对应到FOOD模型的方法描述如下：

$\varphi(f)()$：R，其中方法$\varphi(f)$的参数为空。

规则6.16　模糊复杂类公理$FC_{f(P1, \cdots, Pm)}\in FC_0$，(其中包含$m$个模糊数据属性$P_1$，…，$P_m\in FDP_0$和模糊数据属性定义$R\in FDT_0$)可以对应到FOOD模型的方法描述如下：

$\varphi(f(P_1, \cdots, P_m))$：$R$，其中方法$\varphi(f)$的参数为$P_1$，…，$P_m$，$\varphi(R)\in FD_{FS}$。

规则6.17　模糊本体数据类型属性DatatypeProperty(FDP_{0i}，domain(FC_0) range(FDT_{0i}))对应到FOOD模型的模糊类描述如下：

Class $\varphi(FC_0)$ type is

Record $\varphi(FDP_{0i})$: $\varphi(FDT_{0i})$ End，其中$\varphi(FC_0)\in FC_{FS}$，$\varphi(FDP_{0i})\in FA_{FS}$，$\varphi(FDT_{0i})\in FD_{FS}$。

规则6.18　模糊本体对象属性ObjectProperty (FOP_0hasopFOP_{0i} (FC_{0i}) range (FC_0))对应到FOOD模型的模糊对象描述如下：

Object $\varphi(FOP_0)$ belong to $\varphi(FC_0)$ has-value $\varphi(FOP_{0i})$: $\varphi(FC_{0i})$ End，其中$\varphi(FC_0)$，$\varphi(FC_{0i})\in FC_{FS}$，$\varphi(FOP_0)$，$\varphi(FOP_{0i})\in FA_{FS}$。

规则6.19　模糊本体公理

Class ($FC_{0f(P1, \cdots, Pm)}$ partial restriction (r_1 someValuesFrom (owl: Thing) Cardinality(1))…restriction (r_m someValuesFrom (owl: Thing) Cardinality(1)))；

Class ($FC_{0f(P1, \cdots, Pm)}$ partial restriction (r_1 allValuesFrom (P_1))…restriction (r_m allValuesFrom (P_m)))；

Class (FC_0 partial restriction (inverseOf(r_1) allValuesFrom (unionOf(complementOf ($FC_{f(P1,\ \cdots,\ Pm)}$) restriction (r_{m+1} allValuesFrom (R))))))对应到FOOD模型的模糊类描述如下：

Class $\varphi(FC_0)$ <u>type is</u>

Record $\varphi(f(P_1,\ \cdots,\ P_m))$：$R$ End

其中，$\varphi(f(P_1,\ \cdots,\ P_m))$是具有$m$个参数$P_1$，…，$P_m$的方法，$\varphi(FC_0) \in FC_{FS}$，$R \in \{r_1,\ \cdots,\ r_m\} \in FA_{FS}$。

规则6.20 模糊个体公理SameIndividual(FI_{01}，…，FI_{0n})或者DifferentIndividuals (FI_{01}，…，FI_{0n})对应到FOOD模型的模糊对象描述如下：

n个对象$\varphi(FI_{0i})$相同或者不同，其中$\varphi(FI_{0i}) \in FO_{FS}$，$i \in \{1,\ \cdots,\ n\}$。

规则6.21 具有隶属度的模糊个体Individual(FI_0 type (FC_0) $\bowtie \mu$) 对应到FOOD模型的模糊对象描述如下：

Objects $\varphi(FI_0)$ <u>belong-to</u> $\varphi(FC_0)/\mu$ End，其中$\bowtie \in \{\geqslant,\ \leqslant\}$，$\mu \in [0,\ 1]$，$\varphi(FI_0) \in FO_{FS}$，$\varphi(FC_0) \in FC_{FS}$。

6.4 实例分析

为了更好地说明6.3节中提出的转换方法，本节给出一个转换实例。图6.3给出一个模糊OWL 2本体“E-commerce”的部分结构信息，其中包括类“Customer”，“Corporate-Customer”，“Personal-Customer”，“Young-Customer”和给它们提供服务的类“Employee”及它们之间的关系。对象“Serve”表示“Employee”和“Corporate-Customer”之间是服务和被服务的关系。“Employee”的属性“invof_Serveof”的基数限制“minCardinality”的值为1，表示“Employee”可以最少为1位“Corporate-Customer”提供服务，“maxCardinality”值为3，表示最多可以同时为3位“Corporate-Customer”提供服务。“Corporate-Customer”的属性“invof_Serveby”的基数限制“minCardinality”的值为2，表示最少有2

位“Employee”为其提供服务，最大值不限。利用6.3节提出的方法可以把该模糊OWL 2本体“E-commerce”映射到对应的FOOD模型，如图6.4所示。

利用图6.3给出的模糊本体“E-commerce”的结构提供相应的实例信息，其中实例o_1，o_2属于类“Young-Customer”的隶属度分别是0.9和0.8，表示o_1，o_2可能不完全属于类“Young-Customer”，属于该类的可能是0.9和0.8。数值越大，表示属于该类的可能性就越大，当数值为1时表示完全属于该类，为0时表示完全不属于该类，这就是经典的模糊本体不具有的模糊性了。同样，实例o_3，o_4，o_5，o_6属于类“Employee”的隶属度为0.8，0.72，0.86，0.92。由于类“Young-Customer”是类“Corporate-Customer”的子类的可能性是0.8，子类超类之间的关系也是带有一定的隶属度，那么，实例o_1，o_2属于超类“Corporate-Customer”的隶属度是0.9和0.85，不小于其属于子类“Young-Customer”的隶属度0.9和0.8的。“Employee”最多可以为2位“Corporate-Customer”提供服务。例如，实例o_5“Serve” o_1和o_2的隶属度β分别为0.9和0.85，o_5为两个“Corporate-Customer” o_1和o_2提供服务，并且这种“Serve”存在的可能性是0.9和0.85，其余实例“Employee” o_3，o_4，o_6只为一个“Corporate-Customer”提供服务，要么是o_1，要么是o_2，同样，这种“Serve”存在可能性β。该实例对应到FOOD模型的实例对象，如图6.6所示。

模糊OWL 2本体"E-commerce"的结构信息如下:

FO_{Axiom} = {

Class(Customer complete unionOf (Corporate-Customer, Personal-Customer));

DisjointClasses (Corporate-Customer, Personal-Customer) ;

Class(Young-Customer partial Customer restriction(CustNo allValuesFrom(xsd:String) cardinality(1)) restriction(CustName allValuesFrom(xsd:String) cardinality(1)) restriction(Fuzzy_age allValuesFrom (xsd:String) cardinality(1)));

SubClassOf (Young-Customer Corporate-Customer 0.8);

SubClassOf (Young-Customer, Customer);

Class (Corporate-Customer partial Customer restriction(ContactName allValuesFrom(xsd:String) cardinality (1)) restriction(FUZZY-creditRating allValuesFrom(xsd:String) cardinality(1)) restriction(FUZZY-discount allValuesFrom(xsd:Real) cardinality(1)) restriction(μ allValuesFrom(xsd:single) cardinality (1)));

Class (Serve partial restriction (Serveof allValuesFrom (Employee) cardinality(1)) restriction (Serveby allValuesFrom (Corporate-Customer) cardinality(1)));

Class(Employee partial restriction(invof_ Serveof allValuesFrom(Serve)));

Class(Corporate-Customer partial restriction(invof_Serveby allValuesFrom(Serve)));

Class (Employee partial restriction (invof_Serveof minCardinality (1) maxCardinality (3)));

Class (Corporate-Customer partial restriction (invof_Serveby minCardinality (2) maxCardinality (∞)));

ObjectProperty (Serveof domain(Serve) range(Employee));

ObjectProperty (Serveby domain(Serve) range (Corporate-Customer));

ObjectProperty (invof_Serveof domain (Employee) range (Serve) inverseOf Serveof);

ObjectProperty (invof_Serveby domain (Corporate-Customer) range (Serve) inverseOf Serveby); }

图6.3　一个模糊OWL 2本体的结构信息

```
图6.3中模糊OWL 2本体对应的FOOD模型如下：
Class Customer type-is
Union Corporate-Customer, Personal-Customer (disjoint, complete)
End
Class Young-Customer is-a Corporate-Customer/0.8 type-is
Record
CustNo: String
CustName: String
FUZZY-age: String
 μ: Real
End
Class Corporate-Customer is-a Customer type-is
Record
ContactName: String
FUZZY-CreditRating: String
FUZZY-Discount: Real
μ: Real
End
Class Employee type-is
  Record
     FUZZY Serve: Set-of Corporate-Customer /η [(1, 3), (2, ∞)]
μ: Real
```

图6.4　图6.3中模糊OWL 2本体映射得到的FOOD模型

给定图6.4给出模糊OWL2本体实例O_{F1}的实例：

FI= {o_1, o_2, o_3, o_4, o_5, o_6, o_1', o_2', o} ;

FI_{Axiom} = {

DifferentIndividuals (o_1, o_2, o_3, o_4, o_5, o_6, o_1', o_2', o) ;

Individual (o_1 type(Young-Customer) [⋈ 0.9]) ;

Individual (o_2 type(Young-Customer) [⋈ 0.8]) ;

Individual (o_3 type(Employee) [⋈ 0.8]) ;

Individual (o_4 type(Employee) [⋈ 0.97]) ;

Individual (o_5 type(Employee) [⋈ 0.86]) ;

Individual (o_6 type(Employee) [⋈ 0.91]) ;

Individual (o_1 type(Corporate-Customer) [⋈ 0.92]) ;

Individual (o_2 type(Corporate-Customer) [⋈ 0.85]) ;

Individual (o type(Serve) [⋈ 0.9])

Individual (o value(Serveof, o_1) [⋈0.7] value(Serveof, o_2) [⋈ 0.8] value(Serveby, o_3) value(Serveby, o_4) value(Serveby, o_5) value(Serveby, o_6)) ;

Individual (o_1 value(CustNo, 3102031) value(CustName, Lucy) value(FUZZY-Age, Young) value (invof_Serveof, o) [⋈ 0.7]) ;

Individual (o_2 value(CustNo, 3102019) value(CustName, John) value(FUZZY-Age, 22) [⋈ 0.8] value(FUZZY-Age, 23) [⋈ 0.9] value(FUZZY-Age, 24) [⋈ 0.75] value(invof_Serveof, o) [⋈ 0.8]) ;

Individual (o_3 type(Employee) [⋈ 0.8]) ;

Individual (o_4 type(Employee) [⋈ 0.72]) ;

Individual (o_5 type(Employee) [⋈ 0.86]) ;

图6.5　一个模糊OWL 2本体的实例

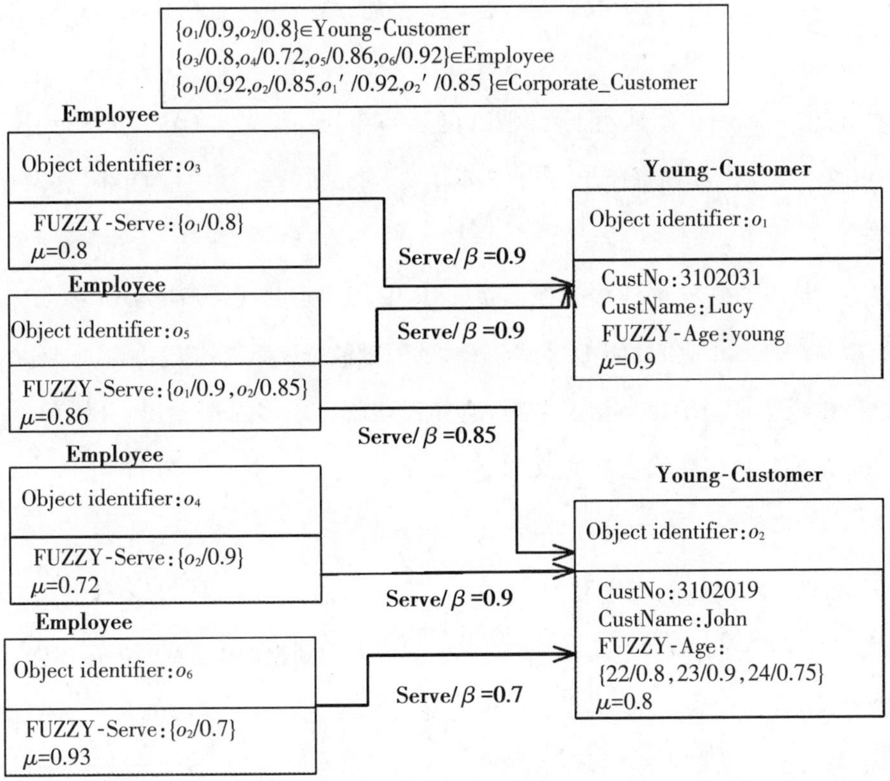

图6.6　由图6.5的模糊OWL 2本体实例信息得到的FOOD实例

6.5　转换方法正确性证明

本章6.3节提出了将模糊OWL 2本体转换为FOOD模型的转换规则，在本节中将通过语义层面讨论该映射方法的正确性。

定理6.1　对于每一个模糊OWL 2本体O_F及其变换的FOOD模型$\varphi(O_F)$存在两个映射：一是从模糊OWL 2本体结构到FOOD模型$\varphi(O_F)$的映射δ，二是从FOOD模型$\varphi(O_F)$到模糊OWL 2本体结构的映射ζ，使得：

• 对于每个符合O_F的模糊OWL 2本体实例FI，$\delta(FI)$是合法的FOOD模型$\varphi(O_F)$。

• 对于$\varphi(O_F)$的每个数据库状态FJ，$\zeta(FJ)$是一个符合O_F模糊的OWL 2本体实例。

证明：下面首先证明了定理6.1的第一部分，设$FI = (\Delta^{FI}, \cdot^{FI})$为模糊OWL 2本体$O_F$的模糊解释，$o \in \Delta^{FI}$为本体实例，$\delta(o)$是合法的FOOD模型$\varphi(O_F)$的实例。

给出一个模糊本体语义解释FI，其中包括符号$X \in FOP_0 \cup FDP_0 \cup FC_0 \cup FDT_0 \cup FP_C$，而相应的FOOD模型$\varphi(O_F)$的模糊数据库状态$\delta(FI)$，其中域元素$\Delta^{\delta(FI)}$由模糊OWL 2本体语义解释$FI$(如2.3节中的定义2.4)给出。FOOD模型$\varphi(O_F)$的模糊数据库状态$FJ$定义如下：

$$(\varphi(X))^{\delta(FI)} = X^{FI}，其中 X \in \varphi(FC_0)$$

如果模糊本体的类定义如$(\varphi(FDP_{0i}))^{\delta(FI)} = \{<FP_C, d_i> \in \Delta^{\delta(FI)} \times \Delta^{\delta(FI)} \mid FP_C \in FC_0^{FI} \wedge d_i \in FDT_{0i}^{FI}\}$，其中$i \in \{1, \cdots, k\}$，则可以得到FOOD模型的类描述如：

Class $\varphi(FC_0)$ type-is Record $\varphi(FDP_{01})$：$\varphi(FDT_{01})$，…，$\varphi(FDP_{0k})$：$\varphi(FDT_{0k})$ End；

如果模糊本体的类定义如$(\varphi(FU_j))^{\delta(FI)} = \{<r, FOP_{0j}> \in \Delta^{\delta(FI)} \times \Delta^{\delta(FI)} \mid r \in FP_C^{FI} \wedge FOP_{0j} \in FC_{0j}^{FI}\}$，其中$j \in \{1, 2\}$，则可以得到FOOD模型的类描述如：

Class $\varphi(FC_{01})$ type-is Record $\varphi(FP_C)$： Set-of $\varphi(FC_{02})$ End。

此外，证明$\delta(FI)$是一个合法的$\varphi(O_F)$模型，即证明$\delta(FI)$满足定义6.2中$\varphi(O_F)$的约束条件，分为以下几个情况。

• 对于模糊的OWL 2本体语义解释FI，如果存在模糊类$\varphi(FC_0)(FOP_0)^{FOP} \in \Delta^{\delta(FI)} \times \Delta^{\delta(FI)}$和FOOD模型的模糊类$\varphi(FC_0)$，即Class $\varphi(FC_0)$ is-a $\varphi(FC_{0sup})/\beta$，存在$\varphi(FC_0)^{\delta(FI)}(FOP_0) \subseteq \varphi(FC_{0sup})^{\delta(FI)}(FOP_0)$，即$FC_0^{FI} \subseteq FC_{0sup}^{FI}$。也就是$\delta(FI)$满足FOOD模型对应的模糊语义(见定义6.2)。

• 对于模糊OWL 2本体类FC_0，存在DisjointUnion (FC_0，FC_{01}，FC_{02}，…，

FC_{0n})。根据定义2.4(见2.3节)可知FI是一个模糊本体的语义解释，即有$FC_0^{FI} = FC_{01}^{FI} \cup \cdots \cup FC_{0q}^{FI}$和$FC_{0i}^{FI} \cap FC_{0j}^{FI} = \varnothing$，其中$i$，$j \in \{1, \cdots, q\}$，$i \neq j$。根据上面映射函数$\delta(FI)$的定义可以得到$\varphi(FC_0)^{\delta(FI)} = \varphi(FC_{01})^{\delta(FI)} \cup \cdots \cup \varphi(FC_{0q})^{\delta(FI)}$和$\varphi(FC_{0i})^{\delta(FI)} \cap \varphi(FC_{0j})^{\delta(FI)} = \varnothing$，即$\varphi(FC_0)$ type-is Union $\varphi(FC_{01})$，…，$\varphi(FC_{0q})$ (disjoint, complete) End，可见$\delta(FI)$满足FOOD模型对应的语义(见定义6.2)。

• 对于模糊OWL 2本体模糊类FC_0即有$(FC_0)^{FC} = \Delta^{FI} \times \Delta^{FI}$，FOOD模型的模糊类描述Class $\varphi(FC_0)$ type-is Record $\varphi(FDP_{01})$：$\varphi(FDT_{01})$，…，$\varphi(FDP_{0k})$：$\varphi(FDT_{0k})$ End，其中，$\varphi(FC_0) \subseteq FC$，$\varphi(FDP_{0i}) \in FA$，$\varphi(FDT_{0i}) \in FV$，$i \in \{1, \cdots, k\}$。存在一个本体的实例$FI_0 \in [FDP_{01}: FDT_{01}, \cdots, FDP_{0k}: FDT_{0k}]$，根据定义2.4(见2.3节)，如果$FI$是模糊语义解释，则$(FDP_0)^{FDP} = \Delta^{FI} \times \Delta^{FD}$。根据映射函数$\delta(FI)$的定义，存在一个元素$d_i \in FDT_{0i}^{FI} = \varphi(FDT_{0i})^{\delta(FI)}$，使得$(FC_0, d_i) \in \varphi(FDP_{0i})^{\delta(FI)}$。$\varphi(FI_0)^{\delta(FI)} \subseteq \bigcap_{i=1}^{k} \{FC_0 \mid \forall d_i. <FC_0, d_i> \in (\varphi(FA_i))^{\alpha_{FS}(FJ)} \rightarrow d_i \in (\varphi(FD_i))^{\alpha_{FS}(FJ)} \wedge \#\{d_i \mid <FO, d_i> \in \varphi(FDT_{0i})^{\delta(FI)}\} = 1\}$，其中#{}表示集合{}的基数，可见，$\delta(FI)$满足FOOD模型对应的语义(见定义6.2)。

• 对于OWL 2本体的模糊类FC_{01}，FC_{02}，FOOD模型的模糊类描述Class $\varphi(FC_{01})$ type-is Record $\varphi(FOP_0)$：Set-of $\varphi(FC_{02})/\eta$ [(m_1, n_1)，(m_2, n_2)]。其中，$\varphi(FC_{0i}) \in FC$，$\varphi(FOP_0) \subseteq FA$，$i \in \{1, 2\}$。存在一个关系实例$r \in \varphi(FOP_0)^{\delta(FI)}$，满足$r = \{FC_{01}, \cdots, FC_{0k}\}$。根据$\delta(FI)$的定义，存在一个例子$FI_{0j} \in FC_{0j}^{FI} = \varphi(FC_{0j})^{\delta(FI)}$使得$(r, FI_{0j}) \in \varphi(FC_{0j})^{\delta(FI)}$，$\varphi(FP_C)^{\delta(FI)} \subseteq \bigcap_{j=1}^{2} \{r \mid \forall FI_{0j}. <r, FI_{0j}> \in \varphi(FU_j)^{\delta(FI)} \rightarrow FI_{0j} \in \varphi(FC_{0j})^{\delta(FI)} \wedge \#\{FO_j \mid <r, FI_{0j}> \in \varphi(FU_j)^{\delta(FI)}\} = 1\}$。其中，#{}表示集合{}的基数。此外，根据关联关系基数限制的语义，有$card_{min}(FC_{0j}, FP_C, FOP_{0j}) \leqslant \#\{r \in FP_C^{FI} \mid FP_C[FU_j] = FI_{0j}\} \leqslant card_{max}(FC_{0j}, FP_C, FOP_{0j})$，表示模糊类的对象实例参与关联关系的最少和最多次数。此外，根据映射函数$\delta(FI)$的定义，有$\varphi(FC_{0j})^{\delta(FI)} \subseteq \{FI_{0j} \mid card_{min}(FC_{0j}, FP_C, FOP_{0j}) \leqslant \#\{r \in FP_C^{FI} \mid <r, FI_{0j}> \in$

$FP_C^{FI}\} \leqslant \text{card}_{max}(FC_{0j}, FP_C, FOP_{0j}\}$。另外，有 $FW_1 = \text{invof\_}\varphi(FU_1)$ 和 $FW_2 = \text{invof\_}\varphi(FU_2)$ 是 FU_1 和 FU_2 逆对象属性 $\varphi(FW_j)^{\delta(FI)} = \{< FI_{0j}, r> \in \Delta^{FI} \times \Delta^{FI} \mid FI_{0j} \in FC_{0j}^{FI} \wedge r \in FP_C^{FI}\}$，$j = 1, 2$，即 $\varphi(FW_j)^{\delta(FI)} = (\varphi(FU_j)^{\delta(FI)})^- \subseteq \varphi(FC_{0j})^{\delta(FI)} \times \varphi(FP_C)^{\delta(FI)}$，可见，$\delta(FI)$满足FOOD模型对应的语义（见定义6.2）。

对于模糊OWL 2本体的每个模糊解释FI，存在一个映射δ：$FI \rightarrow FJ$，使得$FJ = \delta(FI)$符合模型$\varphi(O_F)$的语义，因此，OWL 2本体到FOOD模型$\text{FOOD}_{FS} = \varphi(O_F)$的转换过程中语义是保留的，从而证明了定理6.1的第一部分，定理6.1的第二部分是第一部分的逆过程，第二部分的证明与第一部分类似，这里不再赘述。

6.6 本章小结

面向对象的数据库模型能够表达对象与属性之间的复杂关系，为了表达现实世界不精确的和不确定的模糊信息，以及模糊对象之间的复杂关系，模糊面向对象的数据库被提了出来。本章在分析模糊面向对象数据库模型FOOD的基础上提出了FOOD模型的形式化定义，给出了一种将模糊OWL 2本体转化为FOOD模型的形式化转换方法，之后，给出了一个转换实例来说明转换过程，最后证明了该变换方法的正确性。下一步，将基于FOOD模型的更复杂的例子来分析、测试和评估逆向转换模糊OWL 2本体方法的适用性。

针对模糊本体基于模糊数据库的再工程问题，本书分别提出了模糊OWL 2本体到模糊关系数据库模型和模糊面向对象数据库模型的转换方法。与经典数据库相似，模糊关系数据库和模糊面向对象数据库在表达能力与设计实现方面具有各自不同的优势与不足，在进行模糊OWL 2本体再工程时应根据实际情况与需要，从模糊关系数据库模型和模糊面向对象数据库模型中选择其一作为模糊OWL 2本体再工程的目标模型。

第7章　基于模糊嵌套关系数据库模型的模糊OWL 2本体再工程

在经典的数据库中，除了第5章讨论关系数据库和第6章讨论的面向对象的数据库模型外，用于表示和处理复杂对象的数据库模型还有早期提出来的非第一范式(non-first normal form，简称NF^2)，也称作嵌套关系数据模型。基于NF^2数据库模型能够处理复杂值属性，更适合于一些复杂结构及其之间的关系进行建模。

包含不精确和不确定信息的NF^2(模糊嵌套关系数据库模型)可以同时容纳现实世界对象的不确定性和复杂性，这为复杂的模糊本体基于模糊嵌套关系数据模型的再工程提供了理论基础。将复杂的模糊OWL 2本体再工程到NF^2模型，将有助于模糊本体的持久化管理。为此，本章研究基于模糊嵌套关系数据库模型的模糊OWL 2本体再工程方法。

本章7.1节是引言部分；7.2节介绍模糊嵌套关系数据库模型的形式化定义；7.3节提出复杂模糊OWL 2本体到模糊嵌套关系数据库模型的映射方法；7.4节给出相应的本体映射到模糊嵌套关系数据库模型的转换实例；7.5节给出映射方法的合理性证明；7.6节是本章小结。

7.1　引言

自从关系模型被提出以来，人们对其进行了许多扩充，嵌套关系模型(也称NF^2关系模型）是其中主要的一种，与关系数据库相比，NF^2可有效地消除平面关系数据库（至少为1NF）中的数据冗余，这些冗余可由多值依赖或多属性关键字等引起；NF^2更适合于支持一些非传统的数据库应用，如计算机辅助设计、正文处理、表格管理等，在这些应用中需涉及较多的复杂对象；NF^2能使数据的组织更加自然，符合习惯，有助于用户理解使用。由于现实世界信息的不精确性、不确定性，包含不精确和不确定信息的NF^2数据模型可同时满足现实世界对象的确定性和复杂性。因此，一些研究集中在将不精确和不确定的信息引入NF^2关系数据库中。在文献［145-146］中，提出了一个具有空值的NF^2数据库模型，在文献［147］中，NF^2数据模型用于建模不确定的空值、集值、范围值（部分值和值区间）及模糊值，给出了扩展的NF^2代数。但是应该指出的是，Yazici等在文献［147］中扩展的NF^2关系代数的运算主要集中在两个重组运算上——合并和取消合并。关系代数中的基本集合操作的定义很简短，也未必考虑到模糊数据冗余及其清除。特别是文献［147］扩展NF^2数据模型中的模糊数据是基于相似性的[81]。在本节中，我们着重考虑基于可能性的模糊数据表示，其中数据的模糊性来源于论域上的可行性[81]及邻近或近似关系。我们将扩展可能性的模糊数据引入嵌套关系数据库，并定义模糊嵌套代数。

本章研究基于模糊嵌套关系数据库模型的模糊OWL 2本体再工程方法。首先，给出模糊嵌套关系数据库模型的形式化定义；其次，给出模糊OWL 2本体到模糊嵌套关系数据库模型的转换规则，并详细说明其转换过程；最后，结合实例和理论证明说明所提方法的合理性和可行性。

7.2 模糊嵌套关系数据库

7.2.1 模型嵌套关系模型

扩展的基于可能性的模糊NF^2模式是一个属性的集合$(A_1, A_2, \cdots, A_n, pD)$，属性的定义域分别是$D_1$，$D_2$，…，$D_n$，$D_0$，其中$D_i(1\leqslant i\leqslant n)$为下列集合之一。

①原子值的集合。任何元素$a_i\in D_i$都是一个简单的精确值。

②空值集合，表示为*ndom*，控制以*unk*，*inap*，*nin*和*onul*。

③模糊子集集合。对应的属性值是一个扩展的基于可能性的模糊数据。

④为①中集合的幂集。对应的属性值a_i是一个多值的属性值，形式为$\{a_{i_1},a_{i_2},...,a_{i_k}\}$。

⑤关系值的集合。对应的属性值a_i是一个形式为$<a_{i_1},a_{i_2},\cdots,a_{i_k}>$的元组，该元组是$D_{i_1}\times D_{i2}\, D_{i_1}\times D_{i_2}\times\cdots\times D_{i_m}(m>1且1\leqslant i\leqslant n)$的一个元素。其中，每个$D_{i_j}(1\leqslant i\leqslant n)$可能是①②③④中的集合，甚至可能是关系值。

定义域D_0是一个原子值的集合，每个值都是［0，1］范围内的精确值，不是对应元组在NF^2关系中为真的可能性。假定本书中所有元组的可能性只有一个，则属性$A_i\in R(1\leqslant i\leqslant n)$的属性域形式化表示如下：

$$\tau_i=dom|ndom|fdom|sdom|<B_1{:}\tau_{i_1},B_2{:}\tau_{i_2},\cdots,B_m{:}\tau_{i_m}>$$

其中，B_1，B_2，…，B_m为属性。

模糊NF^2模式$(A_1{:}\ \tau_1,A_2{:}\tau_2,\cdots,A_n{:}\tau_n)$上的关系实例$r$是笛卡儿积$\tau_1\times\tau_2\times...\times\tau_n$的子集。关系实例$r$中的形式为$<a_1,a_2,\cdots,a_n>$的元组包含$n$个组件，其中组件$a_i(1\leqslant i\leqslant n)$可能是原子值、集值、模糊值或其他元组。

表7.1给出一个模糊NF^2关系的例子。从该表中可以看出，Tank_ID和Start_date是精确的原子值属性，Tank_body是关系值属性，Responsibility是集值属性，属性中的两个组成属性Volume和Capacity是模糊的。

表7.1 灭火器罐关系

Tank_ID	Tank_body				Start_date	Responsibility
	Body_ID	Material	Volume	Capacity		
TA1	BO01	Alloy	about 2.5×10^3	about 1.0×10^6	01/12/2019	John
TA2	BO02	Steel	about 2.5×10^4	about 1.0×10^7	27/04/2020	{Tom, Mary}

下面讨论一下模糊NF^{2}关系中的元组冗余。首先看一下结构化属性上的两个值 $a_j=(A_{j_1}: \pi_{A_{j_1}}, A_{j_2}: \pi_{A_{j_2}}, \cdots, A_{j_m}: \pi_{A_{j_m}})$ 和 $a'_j=(A_{j_1}: \pi'_{A_{j_1}}, A_{j_2}: \pi'_{A_{j_2}}, \cdots, A_{j_m}: \pi'_{A_{j_m}})$，它们由模式 $R(A_{j_1}, A_{j_2}, \cdots, A_{j_m})$ 上的精确（原子的或集值的）或模糊的简单属性值构成。每个属性域 $D_{j_k}(1\leqslant k\leqslant m)$ 上都有一个近似关系，而 $a_{j_k}\in[0,1](1\leqslant k\leqslant m)$ 是近似关系上的阈值。设 $\beta\in[0,1]$ 为一个给定的阈值，a_j 和 a'_j 是 $\alpha-\beta$ 的冗余，当且仅当对于 $k=1, 2, \cdots, m$ 时，$\min(SE_{a_{j_k}}(\pi_{A_{j_k}}, \pi'_{A_{j_k}}))\geqslant\beta$ 成立。$\min(SE_{a_{j_k}}(\pi_{A_{j_k}}, \pi'_{A_{j_k}}))$ $(1\leqslant k\leqslant m)$称为结构化属性值的等价度。

结构化属性值之间的等价度概念可以扩展到模糊嵌套关系中的元组，以评估元组的冗余。对于嵌套关系中的两个元组，如果其对应的属性值对之间的等价度均大于或等于给定的阈值，则这两个元组是冗余的。如果对应的属性值对是简单值，则两个属性值的等价度是两个值的等价度。对于两个结构化属性值，两个属性值的等价度就是两个复杂值的等价度。两个冗余元组 t 和 t' 记为 $t\equiv t'$。

7.2.2 代数操作

对于不含不精确性和不确定性的NF^{2}数据库模型，普通关系代数已经被扩展，并且还引入了两个新的重组操作，分别称为嵌套(nest)和取消嵌套(unnest)[149-150]，在文献［151］中，两个重组操作也称为pack和unpack。嵌套操作可以得到包含复杂值属性的嵌套关系，而取消嵌套操作符用于展平嵌套关系，也就是说，它取一个嵌套在属性集合上的关系，去除隔离，创建一个“平坦”的结构。下面为模糊嵌套操作关系数据库定义其模糊关系操作。

7.2.2.1　传统的关系操作

(1)并和差

设r和s为两个并兼容的模糊嵌套关系，则

$$r \cup s = \min(\{t|t \in r \vee t \in s\})$$

$$r - s = \{t|t \in r \wedge (\forall v \in s)(t \neq v)\}$$

其中，操作min()意味着删除r和s中的冗余元组。当然，这里需要提供阈值。

(2)笛卡儿积

设r和s分别为模式R和S上的两个模糊嵌套关系。$r \times s$是模式$\mathrm{R} \cup \mathrm{S}$上的嵌套关系。笛卡儿积操作的形式化定义如下：

$$r \times s = \{t|t(R) \in r \vee t(S) \in s\}$$

(3)投影

设r为模式R和$S \subset R$上的模糊嵌套关系。r在模式S上的投影形式化定义如下：

$$\Pi_s(r) = \min(\{t|(\forall v \in r)(t = v(S))\})$$

其中，S中属性的形式化可能是$B \cdot C$，B是结构化属性，C为B的组成属性。与并操作一样，投影操作结束后也需要删除结果关系中可能存在的冗余元组。

(4)选择

经典关系数据库中选择条件的形式为 $X\theta Y$ ，其中 X 是属性，Y 是属性或常量，$\theta\in\{=, \neq, >, \geqslant, <, \leqslant\}$ 。为了实现模糊关系数据库上的模糊查询，“θ” 应该是模糊的，代表≈，≉，>，<，⩾，⩽。此外，X 只能是简单属性或者结构化属性中的简单属性，但 Y 可以是下列情况之一。

①精确或模糊的常量。

②简单属性。

③结构化属性中的单组件属性，形式为 $A\cdot B$，其中 A 是结构化属性，B 是 A 的简单组成属性。

假定存在一个论域上的近似关系，a 是该关系上的阈值，则模糊比较操作符定义如下。

①$X\approx Y$ 当且仅当 $SE_{\alpha}(X,Y)\geqslant\beta$ ，其中是给定的截集（下同）。

② $X\not\approx Y$ 当且仅当 $SE_{\alpha}(X,Y)<\beta$ 。

③ $X>Y$ 当且仅当 $X\not\approx Y$ 且 $\min(\sup p(X))>\min(\sup p(Y))$ 。

④$X\geqslant Y$ 当且仅当 $X\approx Y$ 或 $X>Y$。

⑤ $X<Y$ 当且仅当 $X\not\approx Y$ 且 $\min(\sup p(X))<\min(\sup p(Y))$ 。

⑥$X\leqslant Y$ 当且仅当 $X\approx Y$ 或 $X<Y$。

设 X 为模糊嵌套关系中的属性 $A_i{:}\tau_i$ ，根据 Y 的情况，区分选择条件 XY 可分为下列几种情况。

① $A_i\theta c$ ，其中 c 是精确值。根据 τ_i， $A_i\theta c$ 定义如下。

如果 τ_i 是 dom，则 $A_i\theta c$ 是一个传统比较，此时，$\theta\in\{=, \neq, >, \geqslant, <, \leqslant\}$；

如果 τ_i 是 $fdom$，则 $A_i\theta c$ 是一个模糊比较，此时，$\theta\in\{\approx, \not\approx, >, <, \geqslant, \leqslant\}$；

如果 τ_i 是 $ndom$，则 $A_i\theta c$ 是一个空值比较，可以看作特殊的模糊比较；

如果 τ_i 是 $sdom$，则 $A_i\theta c$ 是一个元素-集合比较；如果 c 和元组 A_i 属性值中任何元素满足 “θ”，则 $A_i\theta c$ 。

② $A_i\theta f$ ，其中f是模糊值。

如果τ_i是dom，$fdom$或$ndom$，则$i\neq j$ ，$A_i\theta f$ 是模糊比较，此时，$\theta\in\{\approx, \not\approx, >, <, \geqslant, \leqslant\}$；

如果τ_i是$sdom$，则$A_i\theta f$ 是模糊集比较。如果f和元组A_i属性值中任何元素满足“θ”，则$A_i\theta f$ ，其中$\theta\in\{\approx, \not\approx, >, <, \geqslant, \leqslant\}$。

③ $A_i\theta A_j$ ，其中 $A_j{:}\tau_j$ 是简单属性且$i\neq j$ 。

如果τ_i和τ_j是dom和$ndom$，则$A_i\theta A_j$ 是一个空值比较；

如果τ_i和τ_j是dom和$sdom$，则$A_i\theta A_j$ 是一个元素-集合比较；

如果τ_i和τ_j是$fdom$和$sdom$，则$A_i\theta A_j$ 是一个元素-集合比较；

如果τ_i和τ_j都是$ndom$，则$A_i\theta A_j$ 是一个空值-空值比较，如果它们在相同论域上具有相同的空值，则$A_i\theta A_j$ ；

如果τ_i和τ_j是$ndom$和$sdom$，则$A_i\theta A_j$ 是一个空值-集合比较，并且可以看作一个特殊的元素-集合比较；

如果τ_i和τ_j都是$sdom$，则$A_i\theta A_j$ 是一个集合-集合比较，并且可以看作一个特殊的元素-集合比较。

④ $A_i\theta A_j\cdot B$ ，其中Aj是结构化属性$(i\neq j)$，B是简单属性。这种情况与③相同。

模糊嵌套关系数据库中的选择条件与模糊关系数据库中情况类似，不同之处在于，前者中属性的形式可以是$B\cdot C$，其中B是结构化属性，C是B的组成属性。设Q为代表选择条件，则模糊嵌套关系r的选择操作定义如下：

$$\sigma_Q(r)=\{t|t\in r\wedge Q(t)\}$$

7.2.2.2 嵌套与取消嵌套操作

除了一些传统的关系操作外，嵌套和取消嵌套()这两种重构操作，对于模糊嵌套关系数据库来说非常重要。嵌套操作可以用作获得结构化属性的嵌套关系，与之相反，取消嵌套操作则用于把嵌套关系变为平坦关系。

设 r 为模糊嵌套关系，其模式为 $R=\{A_1, A_2, \cdots, A_i, \cdots, A_k, \cdots, A_n\}$，其中，$1\leqslant i, k\leqslant n$。现在 $Y=\{A_i, \cdots, A_k\}$ 被合并到结构属性 B 中，构成新的模糊嵌套关系 s，其模糊形式为 $S=\{A_1, A_2, \cdots, A_{i-1}, B, A_{k+1}, \cdots, A_n\}$。下面的表达形式用于表示上面的嵌套操作：

$$
\begin{aligned}
s(S) &= \Gamma_{Y\to B}(r(R)) \\
&= \{\omega[(R-Y)\cup B] \mid (\exists u)(\forall v)(u\in r\wedge v\in r\wedge SE(u[R-Y], \\
&\quad v[R-Y])<\beta\wedge\omega[R-Y]=u[R-Y]\wedge\omega[B]=u[Y]) \\
&\quad \vee(\forall u)(\forall v)(u\in r\wedge v\in r\wedge SE(u[R-Y],v[R-Y])\geqslant\beta \\
&\quad \wedge\omega[R-Y]=u[R-Y]\cup_f v[R-Y]\wedge\omega[B]=u[Y]\cup v[Y]))
\end{aligned}
$$

从上式可以看出，在将属性集 Y 嵌套到 B 的过程中，r 中的属性集 $R\text{-}Y$ 上模糊等价的多个元组合并为 s 中的一个元组。这种合并操作分别在属性集 $R\text{-}Y$ 和 Y 上完成。在 $R\text{-}Y$ 上使用模糊并操作 $\cup_f$，对于属性 $C\in R\text{-}Y$，创建的元组中 C 的值是一个精确或模糊的原子集，而创建的元组中属性 $B\cdot C\in Y$ 的值是一个集值，使用的是普通并操作。

下面给出一个如表7.2所列的嵌套关系实例。将通过属性 B 和 C 合并操作到结构属性 X 中来实现嵌套操作。设给出阈值是 β=0.85。操作以后的结果关系如表7.3所列的模糊嵌套关系。

表7.2　模糊关系 r

A	B	C	D
a_1	b_1	c_1	$\{0.5/d_1, 0.5/d_2, 0.8/d_3\}$
a_1	b_2	c_2	$\{0.5/d_2, 0.9/d_3\}$
a_1	b_3	c_3	$\{0.1/d_1, 0.5/d_2, 0.9/d_3\}$

表7.3　模糊嵌套关系 $\Gamma_{\{B,C\}\to X}(r)$

A	X		D
	B	C	
a_1	$\{b_1, b_2, b_3\}$	$\{c_1, c_2, c_3\}$	$\{0.2/d_1, 0.5/d_2, 0.9/d_3\}$

另一个重构操作称为取消嵌套，它是嵌套在某种限制条件下的逆操作。在经典嵌套操作中，该限制条件要求嵌套关系为分片模式[152]（partitioned normal form，PNF）。一个关系当且仅当简单属性的所有子集构成关系主键，每个子关系都是PNF式，该关系称为PNF。

设s为模糊嵌套关系，其模式为$S=\{A_1, A_2, \cdots, A_{i-1}, B, A_{k+1}, \cdots, A_n\}$，其中$B:\{A_i, \cdots, A_k\}$是一个结构化属性。取消嵌套操作生成一个新的模糊嵌套关系r，其模式为$R=\{A_1, A_2, \cdots, A_{i-1}, A_i, \cdots, A_k, A_{k+1}, \cdots, A_n\}$，即$R=S-B\cup\{A_i, \cdots, A_k\}$。下面的表达式用于表示上面的取消嵌套操作：

$$r(R)=\boxminus_B(s(S))$$

$$=\{t[(R-B)\cup\{A_i,\cdots,A_k\}]|(\forall u)(u\in s\wedge t[R-B]$$

$$=u[R-B]\wedge t[A_i,\cdots,A_k]\in u[B])\}$$

7.3　模糊OWL 2本体到模糊嵌套关系数据库模型的转换

本节在结构和相互关系层面上提出基于模糊嵌套关系数据库模型的模糊OWL 2本体再工程的形式化转换方法，并详细给出转换规则。

从模糊OWL 2本体$FO=(FC_O, FDT_O, FDP_O, FOP_O, FP_C, FH_C, FR_C, FO_{Axiom}, FI_O)$和模糊$NF^2$模式的实例$r$的集合$(A_1, A_2, \cdots, A_n, pD)$模来看，模糊OWL 2本体包含结构（模糊类、数据属性、对象属性、公理）和实例两部分，而一个模糊NF^2关系模式与第5章讨论的FRDBM相似具有型和值之分，与本体具有对应关系。其中，模糊关系模式是型，用于表示模糊嵌套关系数据库中的结构信息，而模糊关系的值，用于表示模糊嵌套关系数据库的实例信息。

模糊OWL 2本体主要包含其结构信息和公理FO_{Axiom}信息，因此，从模糊OWL 2本体到模糊嵌套关系数据库的映射主要包含两部分：模糊OWL 2本体结构到模糊嵌套关系数据库名称和属性的转换；模糊OWL 2本体公理FO_{Axiom}到模糊嵌套关系数据库的关系模式。针对上述映射，下面具体给出模糊OWL 2本体结构到模糊关系数据库模型的映射规则。

规则7.1 模糊本体FI_O映射为一个模糊嵌套关系数据库中的关系r，该关系包含模糊本体对应的隶属度[0，1]，表示实例属于该关系的程度，$\varphi(FI_O) \in r$，表名即模糊本体名。

对于模糊本体中可以区分以下四种类型的模糊性：①在三个级别上均不存在任何模糊性的本体；②仅在第三个级别上存在模糊性的本体；③在第二个级别上存在模糊性的本体；④在第一个级别上存在模糊性的本体。对于第①和②情况，模糊性本体可以直接映射为模糊嵌套关系数据库的关系；对于第③种情况，需要由相应的本体映射而成的关系中加入一个附加属性pD，该属性表示关系中元组属于关系的可能性；对于第④种情况，嵌套关系模型不能表示这样的模糊性。

规则7.2 如果模糊本体模糊/精确的数据属性FDP_O是单值的，映射到模糊嵌套数据库的定义域集合；若是精确数据属性，映射到模糊嵌套关系数据库的属性的定义域原子值集合$a_i \in D_i$；若是模糊的数据属性，映射到模糊嵌套关系数据库定义域原子值集合，但每个值都有[0，1]范围内的精确值。

规则7.3 如果模糊本体的模糊数据属性FDP_O是多值的，映射到模糊嵌套数据库的一个嵌套属性，属性名是由对应模糊类的数据属性和Value组成。

规则7.4 模糊本体的模糊数据域标识FDR_O映射为一个模糊属性对应的SQL数据类型列DataProperty Column；

规则7.5 如果模糊本体的模糊对象属性ObjectProperty是单值的可选项，

且存在单值的逆模糊对象属性 inverse of ObjectProperty，即一对一或一对零的模糊关系，逆模糊对象属性映射到嵌套关系数据库中模糊对象属性的值域所属的类。

规则7.6　如果模糊本体的模糊对象属性是单值的，规则7.5不适用，即存在零对1、1对1或多对1的模糊关系，那么，模糊对象属性映射到模糊关系属性定义域所在类对应的关系 r_1 和 r_2，模糊对象属性值域所在类对应关系 r_1 和 r_2 的联系。

规则7.7　如果模糊本体的模糊对象属性是多值的 FOP_1 和 FOP_2，且存在单值的逆模糊对象属性，即一对多的模糊关系，那么，逆模糊对象属性 FOP_1 和 FOP_2 映射到模糊对象属性值域所在关系 r_1 和 r_2，联系 R 被映射为一个含有属性 $\{K_1, K_2, X_1, \cdots, X_k\}$ 的关系模式。其中，K_1 和 K_2 是键属性，如果存在基数约束1对多的联系，也就是说，对象属性的联系是一个从 FOP_1 到 FOP_2 一对多联系，则 K_2 在 r_1 中是一个集合属性，K_1 在 r_2 中是一个单值属性。

规则7.8　如果模糊本体的模糊对象属性是多值的，规则7.7不适用，即存在多对多的模糊关系，那么，模糊对象属性映射到一个关系 r，关系名即模糊对象属性名，关系的键属性由模糊对象属性定义域和值域各自所在类对应关系的属性组成。

规则7.9　模糊本体类的DataType限制映射到模糊嵌套关系数据库相应属性限制。

规则7.10　模糊本体类的InverseFunction限制映射到模糊嵌套关系数据库相应关系的UNIQUE限制。

规则7.11　模糊本体类的必选属性映射到模糊嵌套关系数据库相应属性的NOT NULL限制。

规则7.12　模糊本体类的枚举数据类型映射到模糊嵌套关系数据库枚举类属性。

规则7.13 模糊本体的FunctionDataProperty属性映射到模糊嵌套关系数据库的相应属性。

规则7.14 模糊本体的FunctionObjectProperty映射到模糊嵌套关系数据库相应关系定义域。

规则7.15 模糊本体的InverseFunctionObjectProperty映射到模糊嵌套关系数据库属性值域。

规则7.16 模糊本体的一个联系映射到模糊嵌套关系数据库模型的表示关联的关系，联系的属性作为一组指针用于指定从一个元组到另一个元组的引用。若存在基数的约束，在两个相互关联的元组中，这样的属性可以是单值也可以是多值属性。如果模糊本体的模糊类FC_1含有属性{K_1，FDP_{11}，…，FDP_{1m}}，模糊类FC_2含有属性{K_2，FDP_{21}，…，FDP_{2m}}，FC_1和FC_2通过对象属性FOP{$FOPE_1$，…，$FOPE_k$}相互联系。其中K_1和K_2分别是FC_1和FC_2的基数限制，并且FOP可以是1对1、1对多或多对多的联系。对于对象属性FOP及其相关的模糊类FC_1和FC_2的映射，除了利用规则7.1转换处理(这里假设模糊类FC_1被映射为关系r_1，FC_2被映射为关系r_2)，对象属性FOP被映射为一个含有属性{ K_1，K_2，$\varphi(FOPE_1)$，$\varphi(FOPE_2)$，…，$\varphi(FOPE_k)$}的关系模式，K_1和K_2是对应关系模式的键属性。如果存在基数约束一对多的联系，也就是说，对象属性FOP是一个从$FOPE_1$到$FOPE_2$一对多联系，则K_2在r_1中是一个集合属性，K_1在r_2中是一个单值属性。

考虑到模糊本体类或概念的模糊性与模糊本体个体存在四种类型的模糊相似(见规则7.1)：①在三个级别上均不存在任何模糊性的对象属性；②仅在第三个级别上存在模糊性的对象属性；③在第二个级别上存在模糊性的对象属性；④在第一个级别上存在模糊性的对象属性。对于第①和②种情况中的对象属性，FOP可以依据上面讨论的规则进行转。对于第③种情况中的对象属性FOP，需要由对象属性映射的关系r中加入一个附加属性，该属性表示对象属性属于关系的可能性。同样，对于第④种情况中的对象属性模型嵌套关系不能表示这样的模糊性。

规则7.17 在规则7.1模糊本体的映射中，所考虑的本体不包含概化关系，子类型和超类型体现了它们之间的继承关系，本规则主要考虑模糊概化的转换。

若模糊本体的模糊类FC_1含有属性$\{K_1, FDP_{11}, \cdots, FDP_{1k}\}$，模糊类$FC_2$含有属性$\{K_2, FDP_{21}, \cdots, FDP_{2m}\}$，模糊类$FC_s$是由$FC_1$和$FC_2$产生的超类。假定$\{FDP_{11}, FDP_{12}, \cdots, FDP_{1k}\} \cap \{FDP_{21}, FDP_{22}, \cdots, FDP_{2m}\} = \{FDP_{s1}, FDP_{s2}, \cdots, FDP_{sn}\}$。对于概化关系中的子类$FC_1$和$FC_2$分别映射为$\{K_1, \varphi(FDP_{11}), \varphi(FDP_{12}), \cdots, \varphi(FDP_{1k})\} - \{\varphi(FDP_{s1}), \varphi(FDP_{s2}), \cdots, \varphi(FDP_{sn})\}$和$\{K_2, \varphi(FDP_{21}), \varphi(FDP_{22}), \cdots, \varphi(FDP_{2m})\} - \{\varphi(FDP_{s1}), \varphi(FDP_{s2}), \cdots, \varphi(FDP_{sn})\}$两个关系模式。对于该概化关系中的超类$FC_s$依赖于$K_1$和$K_2$，可以分为以下两种情况。

①K_1和K_2相同。此时，FC_s被映射为关系模式$\{K, \varphi(FDP_{s1}), \varphi(FDP_{s2}), \cdots, \varphi(FDP_{sn})\}$，其中，$K$是$K_1$或$K_2$。

②K_1和K_2不相同。此时FC_s被映射为关系模式$\{K, \varphi(FDP_{s1}), \varphi(FDP_{s2}), \cdots, \varphi(FDP_{sn})\}$，其中，$K$是通过$K_1$和$K_2$产生的代用键[147]。

考虑到类中可能存在模糊性，现将区分以下几种模糊概化的情况进行转换。

①FC_1和FC_2均为精确的类。此时，FC_1和FC_2被分别转换为关系$\varphi(FC_1)$、$\varphi(FC_2)$，且$\varphi(FC_1)$、$\varphi(FC_2)$对应的关系分别为$\{K_1, \varphi(FDP_{11}), \varphi(FDP_{12}), \cdots, \varphi(FDP_{1k})\} - \{\varphi(FDP_{s1}), \varphi(FDP_{s2}), \cdots, \varphi(FDP_{sn})\}$和$\{K_2, \varphi(FDP_{21}), \varphi(FDP_{22}), \cdots, \varphi(FDP_{2m})\} - \{\varphi(FDP_{s1}), \varphi(FDP_{s2}), \cdots, \varphi(FDP_{sn})\}$。与此同时，$FC_s$与以上讨论的类似被转换为关系$\varphi(FC_s)$，它的属性为$\{K, \varphi(FDP_{s1}), \varphi(FDP_{s2}), \cdots, \varphi(FDP_{sn})\}$。

②当FC_1或FC_2中存在类型/实例级别的模糊性时，和①中的情况相类似，FC_s，FC_1和FC_2被分别转换为关系$\varphi(FC_s)$，$\varphi(FC_1)$和$\varphi(FC_2)$。需要注意的是，这里的$\varphi(FC_s)$，$\varphi(FC_1)$和$\varphi(FC_2)$可能带有类型/实例级别上的模糊性FC_s，FC_1和FC_2创建而成的，需要在它们中包含附件属性pD。

③当FC_1或FC_2中存在模式级别的模糊性时，由FC_s，FC_1和FC_2同样得到关系$\varphi(FC_s)$，$\varphi(FC_1)$和$\varphi(FC_2)$，但是模式级别的模糊性不能再所创建的关系中得到体现。

规则7.18 模糊特化的转换。若模糊本体的对象FOP是带$n+1$个属性K，$FOPE_1$，$FOPE_2$，…，$FOPE_n$，K是它的基数限制。若存在一个含有属性$FOPE_{11}$，$FOPE_{12}$，…，$FOPE_{1k}$模糊对象FOP_1和一个含有属性$FOPE_{21}$，$FOPE_{22}$，…，$FOPE_{2m}$模糊对象FOP_2，FOP_1和FOP_2是FOP的子类型，这里应该注意的是FOP_1和FOP_2是FOP的子类，因此FOP_1和FOP_2没有基数限制。此时，把FOP，FOP_1和FOP_2映射到关系时，FOP被映射为关系模式$\{K, \varphi(FOPE_1), \varphi(FOPE_2), \cdots, \varphi(FOPE_n)\}$，$FOP_1$和$FOP_2$被分别映射为关系模式$\{K, \varphi(FOPE_{11}), \varphi(FOPE_{12}), \cdots, \varphi(FOPE_{1k})\}$和$\{K, \varphi(FOPE_{21}), \varphi(FOPE_{22}), \cdots, \varphi(FOPE_{1m})\}$。

规则7.19 模糊范畴的转换。范畴与选择继承问题，实际上，范畴显示了一种不确定性，那就是范畴所对应的模糊类/对象集中哪个本体将在映射生成的模式中起作用是未知的。由规则7.16、规则7.17和规则7.18可知，在范畴对应的模糊类/对象集中，每个类/对象(作为超类型的实体)无论是模糊的还是精确的，都将被分别转换为关系。范畴类/对象(作为子类)也被转换为关系，但是在生成的关系中除了相应的范畴类/对象中的属性之外，还应当加入一些附件属性，这些附件属性是范畴所对应模糊类/对象集中各个类所有属性的集合。形式上，假设范畴对应的模糊类/对象中包含2个类FC_1或FC_2。其中，模糊类FC_1含有属性K_1，$FOPE_{11}$，$FOPE_{12}$，…，$FOPE_{1k}$，K_1是它的基数限制；FC_2

含有属性K_2，$FOPE_{21}$，$FOPE_{22}$，…，$FOPE_{2m}$，K_2是它的基数限制。设范畴对象FOP带有属性$FOPE_1$，$FOPE_2$，…，$FOPE_n$。当把FC_1和FC_2及FOP被分别转换为关系的时候，FC_1和FC_2分别被映射为关系模式{$\varphi(FOPE_{11})$，$\varphi(FOPE_{12})$，…，$\varphi(FOPE_{1k})$}和{$\varphi(FOPE_{21})$，$\varphi(FOPE_{22})$，…，$\varphi(FOPE_{2m})$}，而FOP被转换为关系模式{K_1，K_2，$\varphi(FOPE_1)$，$\varphi(FOPE_2)$，…，$\varphi(FOPE_n)$，$\varphi(FOPE_{11})$，$\varphi(FOPE_{12})$，…，$\varphi(FOPE_{1k})$，$\varphi(FOPE_{21})$，$\varphi(FOPE_{22})$，…，$\varphi(FOPE_{1m})$}。如果范畴中的类/对象和范畴类/对象带有第二级别的模糊性，则需要由它们映射生成的关系中加入附加的隶属度属性。模糊范畴的转换可以参照规则7.17和规则7.18。

规则7.20　模糊聚集的转换。模糊本体中类之间的一个聚集关系被映射为模糊嵌套关系数据库中的一个关系，该关系带有关系值属性。依赖于构成聚集类的组成情况，聚集类可能是精确类，也可能是模糊类，如规则7.16那样，在模糊本体中存在四种类型的类。如果构成聚集类的组成部分仅在属性值出现模糊性，则不会影响通过聚集类所创建的关系。如果构成聚集的类的组成类存在类型/实例级别的模糊性，也就是说，存在第二级别的模糊性，则需要在由聚集类所创建的关系中加入一个附加属性，以表示组成聚集的程度。构成聚集类的组成类上存在类型级别的模糊性，也就是第一级别的模糊性，不能在通过聚集映射生成的关系上进行表示。

7.4　实例分析

为了更好地说明7.3节中提出的转换方法，本节给出一个转换实例。图7.3给出一个模糊OWL 2本体“Owner”和“Car”的部分结构信息，其中包括类“Owner”，“Person”，“Company”，“Car”，“Chassis”，“Engine”，“Plane Engine”和“Car Engine”，以及对象“Buying”和它们之间的关系，如图7.1所示。其中“Person”带有第二级别的模糊性，含有属性Number，Address，Sex和μ，$\mu\in$[0，1]表示实例属于该类的隶属度，“Company” 含有属性Number，Address

和FUZZY-Bossname，表示Bossname是可取模糊值的属性，“Person”和“Company”形成超类“Owner”。类“Chassis”含有属性ChassisID，Model和μ，表示“Chassis”是带有第二级别的模糊性类，“Engine”含有属性EngineID和Size，类“Car”含有属性CarID和Name，超类“Car”由子类“Chassis”和“Engine”组成。类“Plane Engine”包含属性Name，Usage和μ，表示“Plane Engine”带有第二级模糊性，类“Car Engine”包含属性Rate和FUZZY-Designer，表示属性Designer是一个可取模糊值的属性，类“Engine”包含属性Number和Model，并且“Engine”是由子类“Plane Engine”和“Car Engine”组成的超类。对象“Buying”表示“Owner”和“Car”之间是购买和被购买的关系。“Buying”的属性“invof_Buyby”的基数限制“minCardinality”和“maxCardinality”的值均为1，表示“Car”可以最少为1名“Owner”提供购买。利用7.3节提出的方法可以把该模糊OWL 2本体的类“Owner”，“Car”和对象映射到对应的模糊嵌套关系数据库模型，如图7.1所示。

模糊OWL 2本体“Owner”和“Car”的结构信息如下：

FO_C = {“Owner”, “Person”, “Company”, “Car”, “Chassis”, “Engine”, “Plane-engine”, “Car-engine”, “Buying”};

FDP_O = {Number, Address, Sex, μ, FUZZY-Bossname, CarID, Name, ChassisID, Model, EngineID, Size, Usage, Rate FUZZY-Designer …}

FOP_O= {Buyof, Buyby, invof_Buyof, invof_Buyby}

FO_{Axiom} = {

Class(Owner complete unionOf (Person, Company));

DisjointClasses (Person, Company);

Class(Owner restriction(μ));

Class(Person partial Owner restriction(Number) [Functional] restriction(Address) restriction(Sex) restriction(μ));

Class(Company partial Owner restriction(Number) [Functional] restriction(Address) restriction(FUZZY-Bossname));

SubClassOf(Company, Owner);

SubClassOf((Person, Owner);

Class(Car restriction(CarID) [Functional] restriction(Name));

Class (Chassis partial Car restriction (ChassisID) [Functional] restriction (Model));

Class (Engine partial Car restriction (EngineID) [Functional] restriction (Model) restriction (FUZZY-Size));

EquivalentClasses (Carr UnionOf (Chassis, Engine));

SubClassOf (Chassis, Car);

SubClassOf (Engine, Car);

Class (Plane-engine partial Engine restriction (Number) restriction (Usage) restriction (μ));

Class (Car-engine partial Engine restriction (Rate) restriction (FUZZY-Designer));

SubClassOf (Plane-engine, Engine);

SubClassOf (Car-engine, Engine);

Class (Owner partial restriction (invof_Buyof allValuesFrom (Buying)));

Class (Car partial restriction (invof_Buyby allValuesFrom (Buying)));

Class (Owner partial restriction (invof_Buyof minCardinality (1) maxCardinality (∞)));

Class (Car partial restriction (invof_Buyby minCardinality (1) maxCardinality (1)));

ObjectProperty (Buyof domain (Buying) range (Owner));

ObjectProperty (Buyby domain (Buying) range (Car));

ObjectProperty (invof_Buyof domain (Owner) range (Buying) inverseOf Buyof);

ObjectProperty (invof_Buyby domain (Car) range (Buying) inverseOf Buyby); }

图7.1 模糊OWL 2本体“Owner”和“Car”的结构信息

图7.1中模糊OWL 2本体对应的模型嵌套关系数据库如图7.2所示。

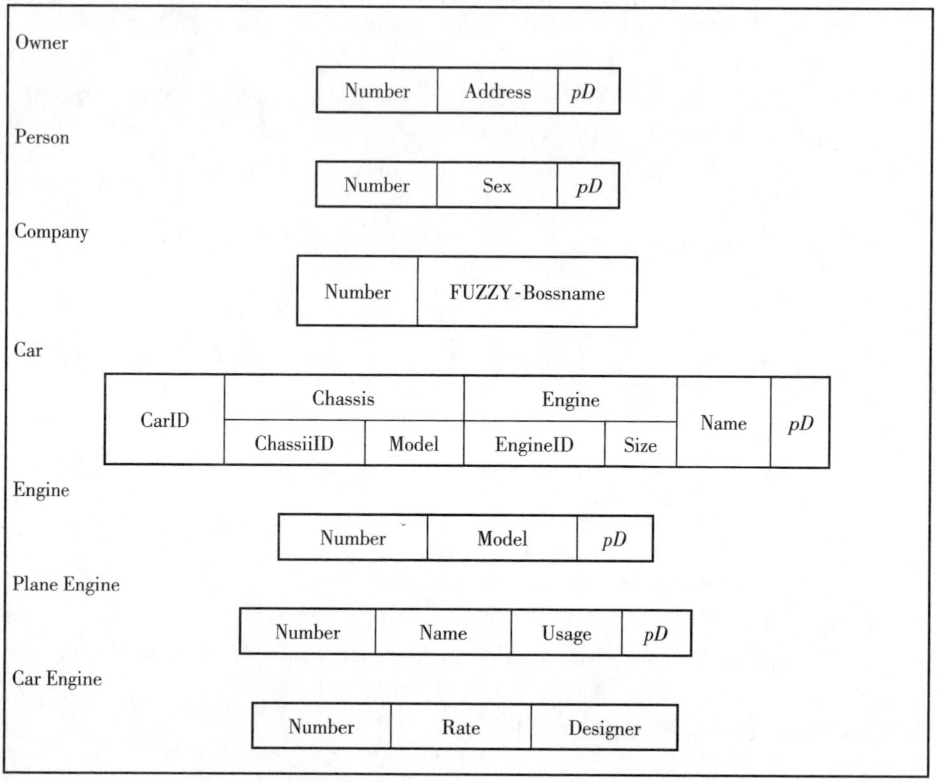

图7.2　图7.1中模糊OWL 2本体映射得到的FOOD模型

7.5　转换方法正确性证明

本章7.3节提出了将模糊OWL 2本体转换为FOOD模型的转换规则，在本节中将通过语义层面讨论该映射方法的正确性。

定理7.1　对于每一个模糊OWL 2本体O_F及其变换的模糊嵌套关系数据库$\varphi(O_F)$，存在两个映射：一是从模糊OWL 2本体结构到嵌套关系数据库模型$\varphi(O_F)$的映射δ，二是从嵌套关系数据库$\varphi(O_F)$到模糊OWL 2本体结构的映射ζ，使得：

• 对于每个符合O_F的模糊OWL 2本体实例FI，$\delta(FI)$是合法的模糊嵌套关系数据库关系$\varphi(O_F)$。

• 对于模糊嵌套关系数据库$\varphi(O_F)$的每个关系实例r，$\zeta(r)$是一个符合O_F模糊的OWL 2本体实例。

证明：下面首先证明定理7.1的第一部分，设$FI=(\Delta^{FI}, \cdot^{FI})$为模糊OWL 2本体$O_F$的模糊解释，$o\in\Delta^{FI}$为本体实例，$\delta(o)$是合法的模糊嵌套关系数据库$\varphi(O_F)$的实例。

给出一个模糊本体语义解释FI，其中包括符号$X\in FOP_0\cup FDP_0\cup FC_0\cup FDT_0\cup FP_C$，而相应的模糊嵌套关系数据库$\varphi(O_F)$的状态$\delta(FI)$，其中，状态描述的域元素$\Delta^{\delta(FI)}$由模糊OWL 2本体语义解释$FI$(如2.3节定义2.4)给出。模糊嵌套关系数据$\varphi(O_F)$的状态关系定义如下：

$$(\varphi(X))^{\delta(FI)}=X^{FI}，其中，X\in\varphi(FC_0)$$

如果模糊本体的类定义如$(\varphi(FDP_{0i}))^{\delta(FI)}=\{<FP_C, d_i>\in\Delta^{\delta(FI)}\times\Delta^{\delta(FI)} \mid FP_C\in FC_0^{FI}\wedge d_i\in FDT_{0i}^{FI}\}$，其中，$i\in\{1, \cdots, k\}$，则可以得到模糊嵌套关系数据的关系模式$\varphi(FC_0)$包含属性集$\{\varphi(FDP_{01}):\varphi(FDT_{01}), \cdots, \varphi(FDP_{0k}):\varphi(FDT_{0k})\}$。

如果模糊本体的类定义如$(\varphi(FU_j))^{\delta(FI)}=\{<r, FOP_{0j}>\in\Delta^{\delta(FI)}\times\Delta^{\delta(FI)} \mid r\in FP_C^{FI}\wedge FOP_{0j}\in FC_{0j}^{FI}\}$，其中，$j\in\{1, 2\}$，则可以得到模糊嵌套关系数据的关系模式$\varphi(FC_{01})$，$\varphi(FC_{02})$和$\varphi(FP_C)$，其中，关系模式$\varphi(FP_C)$包含关系模式$\varphi(FC_{01})$和$\varphi(FC_{02})$的关键字属性。

此外，证明$\delta(FI)$是一个合法的$\varphi(O_F)$模型，即证明$\delta(FI)$满足7.2中嵌套关系数据库$\varphi(O_F)$约束条件，分为以下几个情况。

• 对于模糊的OWL 2本体语义解释FI，如果存在模糊类$\varphi(FC_0)(FOP_0)^{FOP}\in\Delta^{\delta(FI)}\times\Delta^{\delta(FI)}$和模糊嵌套关系数据库的关系模式$\varphi(FC_0)$，若$\varphi(FC_0)$包含属性集$\{\varphi(FOP_{01}):\varphi(FC_{01}), \cdots, \varphi(FOP_{0k}):\varphi(FC_{0k})\}$，存在$\varphi(FC_0)^{\delta(FI)}(FOP_0)\leqslant$

$\varphi(FC_{0sup})^{\delta(FI)}(FOP_0)$，即$FC_0{}^{FI} \subseteq FC_{0sup}{}^{FI}$。也就是$\delta(FI)$满足模糊嵌套关系数据库对应的模糊语义。

• 对于模糊OWL 2本体类FC_0，存在DisjointUnion（FC_0，FC_{01}，FC_{02}，…，FC_{0n}）。根据定义2.4（见2.3节）可知，FI是一个模糊本体的语义解释，即有$FC_0{}^{FI} = FC_{01}{}^{FI} \cup \cdots \cup FC_{0q}{}^{FI}$和$FC_{0i}{}^{FI} \cap FC_{0j}{}^{FI} = \varnothing$。其中，$i$，$j \in \{1, \cdots, q\}$，$i \neq j$。根据上面映射函数$\delta(FI)$的定义可以得到$\varphi(FC_0)^{\delta(FI)} = \varphi(FC_{01})^{\delta(FI)} \cup \cdots \cup \varphi(FC_{0q})^{\delta(FI)}$和$\varphi(FC_{0i})^{\delta(FI)} - \varphi(FC_{0j})^{\delta(FI)} = \varnothing$，即关系模式可以由关系模式$(FC_{01})$，…，$\varphi(FC_{0q})$进行并操作得到，可见，$\delta(FI)$满足模糊关系数据库对应的语义。

• 对于模糊OWL 2本体模糊类FC_0即有$(FC_0)^{FC} = \Delta^{FI} \times \Delta^{FI}$，模型嵌套关系数据库的关系模式$\varphi(FC_0)$包含属性$\{\varphi(FDP_{01}) : \varphi(FDT_{01}), \cdots, \varphi(FDP_{0k}) : \varphi(FDT_{0k})\}$，其中，$\varphi(FC_0) \subseteq r$，$\varphi(FDP_{0i}) \in A$，$\varphi(FDT_{0i}) \in D$，$i \in \{1, \cdots, k\}$。存在一个本体的实例$FI_0 \in [FDP_{01} : FDT_{01}, \cdots, FDP_{0k} : FDT_{0k}]$，根据定义2.4（见2.3节），如果$FI$是模糊语义解释，则$(FDP_0)^{FDP} = \Delta^{FI} \times \Delta^{FD}$。根据映射函数$\delta(FI)$的定义，存在一个元素$d_i \in FDT_{0i}{}^{FI} = \varphi(FDT_{0i})^{\delta(FI)}$，使得$(FC_0, d_i) \in \varphi(FDP_{0i})^{\delta(FI)}$。$\varphi(FI_0)^{\delta(FI)} \subseteq \bigcap_{i=1}^{k} \{FC_0 \mid \forall d_i. < FC_0, d_i > \in (A_i)^{\delta(FI)} \rightarrow d_i \in (\varphi(FD_i))^{\delta(FI)} \wedge \#\{d_i \mid <FO, d_i> \in \varphi(FDT_{0i})^{\delta(FI)}\}=1\}$。其中，$\#\{\}$表示集合$\{\}$的基数，可见，$\delta(FI)$满足模糊嵌套数据库对应的语义。

• 对于OWL 2本体的模糊类FC_{01}，FC_{02}，模糊嵌套关系数据库的关系模式$\varphi(FC_{01})$，$\varphi(FC_{02})$及它们之间的关系$\varphi(FOP_0)$和基数限制$\eta[(m_1, n_1), (m_2, n_2)]$，其中，$\varphi(FC_{0i}) \in r$，$\varphi(FOP_0) \subseteq A$，$i \in \{1, 2\}$。存在一个关系实例$r \in \varphi(FOP_0)^{\delta(FI)}$，满足$r = \{\varphi(FC_{01}), \cdots, \varphi(FC_{0k})\}$。根据$\delta(FI)$的定义，存在一个例子$FI_{0j} \in FC_{0j}{}^{FI} = \varphi(FC_{0j})^{\delta(FI)}$使得$(r, FI_{0j}) \in \varphi(FC_{0j})^{\delta(FI)}$，$\varphi(FP_C)^{\delta(FI)} \subseteq \bigcap_{j=1}^{2} \{r \mid \forall FI_{0j}. <r, FI_{0j}> \in \varphi(FU_j)^{\delta(FI)} \rightarrow FI_{0j} \in \varphi(FC_{0j})^{\delta(FI)} \wedge \#\{FO_j \mid <r, FI_{0j}> \in \varphi(FU_j)^{\delta(FI)}\}=1\}$。其中，$\#\{\}$表示集合$\{\}$的基数。此外，根据关联关系基数限制的语义，有$card_{\min}(FC_{0j}, FP_C,$

$FOP_{0j}) \leqslant \#\{r \in FP_C^{FI} \mid FP_C[FU_j] = FI_{0j}\} \leqslant card_{max}(FC_{0j}, FP_C, FOP_{0j})$，表示模糊类的对象实例参与关联关系的最少和最多次数。另外，有 $FW_1 = \text{invof\_}\varphi(FU_1)$ 和 $FW_2 = \text{invof\_}\varphi(FU_2)$ 是 FU_1 和 FU_2 逆对象属性 $\varphi(FW_j)^{\delta(FI)} = \{< FI_{0j}, r> \in \Delta^{FI} \times \Delta^{FI} \mid FI_{0j} \in FC_{0j}^{FI} \wedge r \in FP_C^{FI}\}$，$j = 1, 2$，即 $\varphi(FW_j)^{\delta(FI)} = (\varphi(FU_j)^{\delta(FI)})^- \subseteq \varphi(FC_{0j})^{\delta(FI)} \times \varphi(FP_C)^{\delta(FI)}$，可见，$\delta(FI)$满足模糊嵌套关系数据对应的语义。

对于模糊OWL 2本体的每个模糊解释FI，存在一个映射δ：$FI \rightarrow FJ$，使得$FJ = \delta(FI)$符合模糊嵌套数据库关系模式$\varphi(O_F)$的语义，因此，OWL 2本体到模糊嵌套数据库$r_{FS} = \varphi(O_F)$的转换过程中语义是保留的，从而证明了定理7.1的第一部分，定理7.1的第二部分是第一部分的逆过程，第二部分的证明与第一部分类似，这里不再赘述。

7.6　本章小结

由于模糊嵌套关系数据能够表达现实世界对象的不确定性和复杂关系，本章在分析模糊嵌套关系数据的基础上给出了其形式化定义，并提出了一种将模糊OWL 2本体转化为模糊嵌套关系数据的形式化转换方法，之后给出了一个转换实例来说明转换过程，最后证明了该变换方法的正确性。下一步，将基于模糊嵌套关系数据的更复杂的例子来分析、测试和评估逆向转换模糊OWL 2本体方法的适用性。

第8章 结 论

本章8.1节对本书的主要贡献与结论进行总结，8.2节讨论未来的研究工作。

8.1 本书的主要贡献与结论

本书的主要贡献在于系统地研究了模糊本体再工程的主要方法和关键技术，包括五方面内容：第一，研究如何把模糊OWL 2本体转换到模糊EER模型；第二，研究如何利用再工程的方法把模糊OWL 2本体转换到模糊UML类图模型；第三，研究如何基于模糊关系数据库模型转换模糊OWL 2本体；第四，研究如何基于FOOD模型再工程模糊OWL 2本体；第五，研究如何基于模糊嵌套关系数据库再工程模糊OWL 2本体。具体的贡献和结论总结如下。

①提出了基于模糊EER模型的模糊本体转换方法。首先，给出了模糊EER模型的形式化定义；其次，从形式上给出了模糊OWL 2本体到模糊EER模型转换方法，通过使用理论证明和转换实例分析，分别表明该章提出的形式化映射方法是合理的和可行的。

②提出了基于再工程的方法把模糊OWL 2本体转换到模糊UML类图模型。首先，给出了模糊UML类图模型的形式化定义和语义解释；其次，给出了模糊本体和模糊UML元素的对应关系，在此基础上，提出了模糊OWL 2本

体到模糊UML类图模型的转换规则；再次，详细描述了一个模糊本体实例“E-commerce”到模糊UML类图模型转换过程；最后，利用两者之间的对应关系证明了转换方法的正确性。

③提出了基于模糊关系数据库的模糊OWL 2本体再工程。首先，提出了基于模糊关系数据库的模糊本体存储结构，在此基础上，给出了模糊OWL 2本体到模糊关系数据库映射的形式化方法。通过理论证明和实例说明，分别表明该章提出的形式化映射方法是合理的和可行的。

④提出了模糊OWL 2本体到模糊面向对象数据库模型的转换方法。首先，给出了模糊面向对象的数据库模型的形式化定义及相应的模糊描述逻辑，提出了模糊OWL 2本体到模糊面向对象数据库模型转换的形式化方法，并给出该方法的相应的转换实例和正确性证明。

⑤提出了模糊OWL 2本体到模糊嵌套关系数据库模型的转换方法。首先，在模糊嵌套关系数据库的形式化定义基础上提出了模糊OWL 2本体到模糊面向对象数据库模型转换的形式化方法；其次，给出该方法的相应的转换实例和正确性证明。

综上所述，为了满足语义Web模糊知识库构建和存储的需求，本书在模糊数据库建模研究领域近年来取得的研究成果的基础上，系统地研究了数据库支持的模糊本体的再工程，提出了模糊OWL 2本体模型到模糊概念数据模型(模糊UML模型和模糊EER模型)转换，研究模糊OWL 2本体模型到逻辑数据库模型(模糊面向对象的数据模型和模糊关系数据库)。本书的研究工作构建了一个较为完整的基于数据库的模糊本体再工程的理论框架，已经取得了系列研究成果，为语义Web和数据库之间语义互操作的实现奠定了坚实的理论基础，同时为本体再工程的实现提供了有效的技术支持。

8.2 未来的工作

以本书的研究工作为基础，未来拟在以下几方面展开进一步的研究工作。

①广度研究方面的内容。

• 将本书的方法推广，实现将模糊OWL 2本体转换到其他种类的模糊概念数据模型[如模糊语义模型FSM(fuzzy semantic model)、模糊时序模型等]；

• 利用模糊XML数据模型(重点考虑模糊XML Schema)对模糊OWL 2本体进行推理和应用；研究基于模糊对象-关系数据库模型的模糊OWL 2转换技术。

②深度研究方面的内容。

• 模糊本体持久化方法性能评估问题的研究。有关模糊本体的持久化，目前，还没有一种标准的评估模型和标准的测试数据集用于对所提方法的性能进行评估，下一步将构建完整的大型模糊本体测试数据集，对提出的方法在更加广阔的环境中进行测试。

• 模糊本体再工程工具的设计与改进。本书提出的再工程转换形式化方法，没有相应的系统或者软件工具，下一步将开发真正可实际使用的软件工具。

③拓展研究方面的工作。

• 基于模糊时空数据的本体再工程。人工智能领域Deep Learning得到突破，结合大数据处理对模糊时空数据模型中自动提取多层次特征表示，如何以模糊本体再工程的技术在时空数据这样海量数据中提取高层次、抽象、特定的语义信息。

• 基于图形模式的模糊本体再工程。在智能系统的研究与开发中，涉及知识地图和知识导航，图形化的模糊本体用来构建知识地图、捕捉智能系统中不同阶段的知识资源，如何利用模糊本体再工程的相关技术和方法实现这些图形化知识的持久化存储。

参考文献

[1] BERNERS-LEE T, HENDLER J, LASSILA O. The semantic web[J]. The scientific American, 2001, 284(5): 34-43.

[2] BERNERS-LEE T. The semantic web architecture [EB/OL]. [2020-06-01]. http://www.w3.org/2000/Talks/1206-xml2k-tbl/slide10-0.html.

[3] BERNERS-LEE T, HALL W, HENDLER J, et al. A framework for web science [J]. Foundations and trends in web science, 2006(1): 1-130.

[4] ASHRAF J, HUSSAIN O K, HUSSAIN F K, et al. Ontology usage network analysis framework(OUN-AF)[M]. Berlin:Springer-Verlag, 2018: 63-101.

[5] GUPTA R, HALEVY A, WANG X, et al. Biperpedia: an ontology for search applications [J]. Proceedings of the VLDB endowment, 2014(7): 505-516.

[6] RANI M, NAYAK R, VYAS O P. An ontology-based adaptive personalized e-learning system, assisted by software agents on cloud storage [J]. Knowledge-based systems, 2015, 90: 33-48.

[7] HARISPE S, SANCHEZ D, RANWEZ S, et al. A framework for unifying ontology-based semantic similarity measures: a study in the biomedical domain [J]. Journal of biomedical informatics, 2014, 48: 38-53.

[8] BONTAS E P, MOCHOL M, TOLKSDORF R. Case studies on ontology reuse

[C]//Proceedings of the 2005 International Conference on Knowledge Management. Berlin:Springer-Verlag,2005:74.

[9] GOMEZ-PEREZ A, ROJAS-AMAYA M D. Ontological reengineering for reuse [C]//International Conference on Knowledge Engineering and Knowledge Management, Berlin: Springer-Verlag, 1999: 139-156.

[10] BRINGUENTE A C, ALMEIDA R F, GUIZZARDI G. Using a foundational ontology for reengineering a software process ontology[J]. Journal of information and data management, 2011, 2(3): 511.

[11] ALVEZ J, LICOP P, RIGAU G. Adimen-SUMO: reengineering an ontology for first-order reasoning [J]. International journal on semantic web and information systems, 2012, 8(4): 80-116.

[12] DIAS D G, MENDES C, DA SILVA M M. A method for reengineering healthcare using enterprise ontology and lean [C]//International Joint Conference on Knowledge Discovery, Knowledge Engineering, and Knowledge Management. Berlin: Springer-Verlag, 2012: 243-259.

[13] ZADEH L A. Fuzzy sets [J]. Information and control, 1965, 8(3): 338-353.

[14] ZADEH L A. Fuzzy sets as a basis for a theory of possibility [J]. Fuzzy sets systems, 1978(1): 3-28.

[15] MA Z M, YAN L. A literature overview of fuzzy database models [J]. Journal of information science and engineering, 2008, 24(1): 189-202.

[16] MA Z M, YAN L. Modeling fuzzy data with XML: a survey [J]. Fuzzy sets and systems, 2016, 301: 146-159.

[17] MA Z M, YAN L. A literature overview of fuzzy conceptual data modeling [J]. Journal of information science and engineering,2010, 26(2): 427-441.

[18] MA Z M, ZHANG F, WANG H, et al. An overview of fuzzy description logics for the semantic web [J]. The knowledge engineering review, 2013, 28(1): 1-34.

[19] ZHANG F, CHENG J W, MA Z M. A survey on fuzzy ontologies for the semantic web [J]. Knowledge engineering review, 2016, 31(3): 278-321.

[20] BOBILLO F. Managing vagueness in ontologies [D]. Granada: Universidad de Granada, 2008.

[21] ZHANG F, MA Z M, YAN L, et al. Construction of fuzzy OWL ontologies from fuzzy EER models: a semantics - preserving approach [J]. Fuzzy sets and systems, 2013, 229: 1-32.

[22] ZHANG F, MA Z M, Construction of fuzzy ontologies from fuzzy UML models [J]. International journal of computational intelligence systems, 2013, 6(3): 442-472.

[23] ZHANG F, MA Z M, YAN L. Construction of fuzzy ontologies from fuzzy XML models [J]. Knowledge-based systems, 2013, 42: 20-39.

[24] ZHANG F, MA Z M, FAN G F. et al. Automatic fuzzy semantic web ontology learning from fuzzy object - oriented database model [C]// Database and Expert Systems Applications. Berlin: Springer-Verlag, 2010: 16-30.

[25] ZHANG F, MA Z M, WANG H, et al. A formal semantics - preserving translation from fuzzy relational database schema to fuzzy OWL DL ontology [C]// Asian Semantic Web Conference. Berlin: Springer-Verlag, 2008: 46-60.

[26] BAGUI S. Mapping owl to the entity relationship and extended entity relationship models [J]. International journal of knowledge and web intelligence, 2009, 1(1/2): 125-149.

[27] HART L, EMERY P, COLOMB B, et al. OWL full and UML 2. 0 compared.

Technical report, OMG (2004) [EB/OL]. [2020-04-15].https://www.omg.org/spec/UTP2/2.0/Alphal/PDF.

[28] GRØNMO R, JAEGER M C, HOFF H. Transformations between UML and OWL-S[C]//European Conference on Model Driven Architecture-Foundations and Applications. Berlin: Springer-Verlag, 2005: 269-283.

[29] BENSLIMANE S M, MALKI M, BOUCHIHA D. Deriving conceptual schema from domain ontology: a web application reverse engineering approach [J]. International Arab journal of information technology, 2010, 7 (2):167-176.

[30] ZIADI T, DA SILVA M A A, HILLAH L M, et al. A fully dynamic approach to the reverse engineering of UML sequence diagrams [C]// 2011 16th IEEE International Conference on Engineering of Complex Computer Systems. Piscataway : IEEE Press, 2011: 107-116.

[31] GALI A, CHEN C X, CLAYPOOL K T, et al. From ontology to relational databases [C]// International Conference on Conceptual Modeling. Berlin: Springer-Verlag, 2004: 278-289.

[32] ASTROVA I, KORDA N, KALJA A. Storing OWL ontologies in SQL relational databases [J].International journal of electrical, computer and systems engineering, 2007, 1(4):242-247.

[33] 许卓明, 黄永菁. 从OWL本体到关系数据库模式的转换 [J]. 河海大学学报(自然科学版), 2006, 34(1): 95-99.

[34] ZHOU J, MA L, LIU Q, et al. Minerva: a scalable OWL ontology storage and inference system [C]// Asian Semantic Web Conference. Berlin: Springer-Verlag, 2006: 429-443.

[35] 李曼, 王琰, 赵益宇, 等. 基于关系数据库的大规模本体的存储模式研究

[J].华中科技大学学报(自然科学版),2005,33(12):217-220.

[36] 陈光仪.基于关系数据库的本体存储研究[D].长沙:中南大学,2009.

[37] VYSNIAUSKAS E, NENYRAITE L. Transforming ontology representation from OWL to relational database [J]. Information technology and control, 2006, 35(3): 333-343.

[38] ZHANG F, MA Z M, LI W. Storing OWL ontologies in object - oriented databases [J]. Knowledge-based systems, 2015, 76: 240-255.

[39] EL-GHALAYINI H, ODEH M, MCCLATCHEY R, et al. Reverse engineering ontology to conceptual data models [D]. Bristol: University of the West of England, 2007.

[40] MOUTSELOS K, MAGLOGIANNIS I, CHATZIIOANNOU A. GOrevenge: a novel generic reverse engineering method for the identification of critical molecular players, through the use of ontologies [J]. IEEE transactions on biomedical engineering, 2011, 58(12): 3522-3527.

[41] DU BOIS B. Towards an ontology of factors influencing reverse engineering [C]//13th IEEE International Workshop on Software Technology and Engineering Practice. Piscataway: IEEE Press, 2005: 74-80.

[42] EL BOUHISSI H, MALKI M, BOUCHIHA D. A reverse engineering approach for the web service modeling ontology specifications [C]// Second International Conference on Sensor Technologies and Applications. Piscataway: IEEE press, 2008: 819-823.

[43] BAO J, HONAVAR V. Ontology language extensions to support localized semantics, modular reasoning, collaborative ontology design and reuse[C]// 3rd International Semantic Web Conference. Hiroshima: Poster Track, 2004, 11:7-11.

[44] GRAU B C, PARSIA B, SIRIN E, et al. Modularity and web ontologies [C]//In Proceeding of the Tenth International Conference on Knowledge Representation and Reasoning. Germany: AAAI Press, 2006: 198-209.

[45] BHATT M, FLAHIVE A, WOUTERS C, et al. A distributed approach to sub-ontology extraction [C]//18th International Conference on Advanced Information Networking and Applications. Washington, D. C.: IEEE Press, 2004: 636-641.

[46] SEIDENBERG J, ALAN R. Web ontology segmentation: analysis, classification and use [C]// Proceedings of the 15th International Conference on World Wide Web. New York: Journal of the ACM, 2006.

[47] MAEDCHE A, MOTIK B, STOJANOVIC L, et al. An infrastructure for searching, reusing and evolving distributed ontologies [C]// Proceedings of the 12th International Conference on World Wide Web. New York: Journal of the ACM, 2003: 439-448.

[48] ALBERTAS C, AUDRONE L, OLEGAS V. The role of ontologies in reusing domain and enterprise engineering assets [J]. Informatica, 2003, 14(4): 455-470.

[49] DORAN P, TAMMA V, IANNONE L. Ontology module extraction for ontology reuse: an ontology engineering perspective [C]// Proceedings of the Sixteenth ACM Conference on Information and Knowledge Management. New York: Journal of the ACM, 2007: 61-70.

[50] USCHOLD M, HEALY M, WILLIAMSON K, et al. Ontology reuse and application [C]// Formal Ontology in Information Systems: Proceeding of the First Ineernational Conference. Amsterdam: IOS Press, 1998: 179-192.

[51] AGUADO G, BANON A, BATEMAN J, et al. Ontogeneration: reusing

domain and linguistic ontologies for Spanish text generation[C]// Workshop on Applications of Ontologies and Problem Solving Methods at ECAI 1998. 1998:98.

[52] PINTO H S. Towards ontology reuse [C]//Proceedings of AAAI99' s Workshop on Ontology Management. Germany: AAAI Press, 1999, 13: 67-73.

[53] PINTO H S, MARTINS J P. Reusing ontologies [C]//AAAI 2000 Spring Symposium on Bringing Knowledge to Business Processes. Germany: AAAI Press, 2000, 2(000): 7.

[54] CALEGARI S, CIUCCI D. Integrating fuzzy logic in ontologies [C]// Proceedings of the 8th International Conference on Enterprise Information Systems. Portugal: INSTICC Press, 2006: 66-73.

[55] CALEGARI S, CIUCCI D. Fuzzy ontology, fuzzy description logics and fuzzy-owl [C]// International workshop on fuzzy logic and applications. Berlin: Sprirger-Verlag, 2007: 118-126.

[56] SANCHEZ E, YAMANOI T. Fuzzy ontologies for the semantic web [C]// International Conference on Flexible Query Answering Systems. Berlin: Springer-Verlag, 2006:691-699.

[57] PARRY D. Fuzzy ontologies for information retrieval on the WWW [M]. Amsterdam: Elsvier, 2004.

[58] LAM T H W. Fuzzy ontology map - a fuzzy extension of the hard - constraint ontology [C]// 5th the IEEE/WIC/ACM International Conference on Web Intelligence, Hong Kong, 2006: 506-509.

[59] GAO M, LIU C. Extending OWL by fuzzy description logic [C]// The 17th IEEE International Conference on Tools with Artificial Intelligence.

Piscataway：IEEE Press，2005：562-567.

[60] 高明霞，刘椿年. 扩展OWL处理模糊知识［J］. 北京工业大学学报，2006，32(7)：653-660.

[61] 赵德新，冯志勇. 基于本体语言OWL的模糊扩展［J］. 计算机科学，2008，35(8)：170-175.

[62] 李明泉，冯志勇. F-SHIQ公理体系及其OWL扩展［J］. 计算机工程与应用，2008，44(30)：1-5.

[63] STOILOS G，STAMOU G. Fuzzy extensions of OWL：logical properties and reduction to fuzzy description logics［J］. International journal of approximate reasoning，2010，51：656-679.

[64] HORROCKS I，PATEL - SCHNEIDER P F. Reducing OWL entailment to description logic satisfiability［C］// ISWC 2003. Berlin：Springer - Verlag，2003：17-29.

[65] BOBILLO F，STRACCIA U. Fuzzy ontology representation using OWL 2［J］. International journal of approximate reasoning，2011，52(7)：1073-1094.

[66] BOBILLO F，STRACCIA U. An OWL ontology for fuzzy OWL 2［C］// In Proceeding of the 18th International Symposium on Foundations of Intelligent Systems. Berlin：Springer-Verlag，2009：151-160.

[67] CHEN G，KERRE E E. Extending ER/EER concepts towards fuzzy conceptual data modeling［C］// The 1998 IEEE International Conference on Fuzzy systems Proceedings，IEEE World Congress on Computational Intelligence. Piscataway：IEEE Press，1998，2：1320-1325.

[68] GALINDO J，URRUTIA A，CARRASCO R A，et al. Relaxing constraints in enhanced entity - relationship models using fuzzy quantifiers［J］. IEEE transactions on fuzzy systems，2004，12(6)：780-796.

[69] GALINDO J, PIATTINI M. Fuzzy aggregations and fuzzy specializations in fuzzy EER model [J]. Advanced topics in database research, 2004, 3: 105-126.

[70] GALINDO J, URRITOA A, PIATTINI M. Mapping fuzzy EER model concepts to relations [M]. Pennsylvania: IGI Global, 2006: 171-178.

[71] KERRE E E, CHEN G. Fuzzy data modeling at a conceptual level: Extending ER/EER concepts [J]. Physica, 2000: 3-11.

[72] MA Z M. Mapping fuzzy EER model into fuzzy relational database model[C]// 2009 International Conference on Computational Intelligence and Software Engineering. Piscataway: IEEE Press, 2009: 1-4.

[73] MA Z M. Modeling fuzzy information in the EER and nested relational database models [M]. Berlin: Springer-Verlag, 2006: 123-146.

[74] MA Z M, ZHANG W J, MA W Y, et al. Conceptual design of fuzzy object-oriented databases using extended entity-relationship model [J]. International journal of intelligent systems, 2001, 16(6): 697-711.

[75] MA Z M, YAN L. Fuzzy XML data modeling with the UML and relational data models [J]. Data and knowledge engineering, 2007, 63(3): 972-996.

[76] MA Z M, ZHANG F, YAN L, et al. Representing and reasoning on fuzzy UML models: a description logic approach [J]. Expert systems with applications, 2011, 38(3): 2536-2549.

[77] MA Z M, ZHANG F, YAN L. Fuzzy information modeling in UML class diagram and relational database models [J]. Applied soft computing, 2011, 11(6): 4236-4245.

[78] CHEN G. Fuzzy logic in data modeling: semantics, constraints, and database design [M]. Dordrecht: Springer Science+Business Media, 2012.

[79] PETTY F E. Fuzzy databases: principles and applications [M]. Dordrecht: Springer Science + Business Media, 2012.

[80] RAJU K, MAJUMDAR A K. Fuzzy functional dependencies and lossless join decomposition of fuzzy relational database systems [J]. ACM transactions on database systems, 1988, 13(2): 129–166.

[81] BUCKLES B P, PETRY F E. A fuzzy representation of data for relational databases [J]. Fuzzy sets and systems, 1982, 7(3): 213–226.

[82] SHENSOI S, MELTON A. Proximity relations in the fuzzy relational databases [J]. Fuzzy sets and systems, 1987, 21: 19–34.

[83] PRADE H, TESTEMALE C. Generalizing database relational algebra for the treatment of incomplete or uncertain information and vague queries [J]. Information sciences, 1984, 34(2): 115–143.

[84] RUNDENSTEINER E A, HAWKES L W, BANDLER W. On nearness measures in fuzzy relational data models [J]. International journal of approximate reasoning, 1989, 3(3): 267–298.

[85] MA Z M, ZHANG W J, MA W Y. Extending object-oriented databases for fuzzy information modeling [J]. Information systems, 2004, 29(5): 421–435.

[86] ZHANG F, MA Z M, YAN L, et al. A description logic approach for representing and reasoning on fuzzy object-oriented database models [J]. Fuzzy sets and systems, 2012, 186(1): 1–25.

[87] ZHANG F, MA Z M, CHEN X. Formalizing fuzzy object-oriented database models using fuzzy ontologies [J]. Journal of intelligent and fuzzy systems, 2015, 29(4): 1407–1420.

[88] BAN D V, HA H C, QUANG V D. Normalizing object classes in fuzzy object-

oriented database schema [J]. Journal of computer science and cybernetics, 2011, 28(2):131–141.

[89] BORDOGNA G, PASI G. Graph-based interaction in a fuzzy object oriented database [J]. International journal of intelligent systems, 2001, 16: 821–841.

[90] OZGUR N B, KOYUNCU M, YAZICI A. An intelligent fuzzy object-oriented database framework for video database applications [J]. Fuzzy sets and systems, 2009, 160: 2253–2274.

[91] GYSEGHEM N V, CALUWE R D. Fuzzy behaviour and relationships in a fuzzy OODB-model [C]// Proceedings of the Tenth Annual ACM Symposium on Applied Computing. Nashville: TN, 1995: 503–507.

[92] BERZAL F, MARIN N, PONS O, et al. Managing fuzziness on conventional object-oriented platforms [J]. International journal of intelligent systems, 2007, 22(7): 781–803.

[93] NDOUSE T D. Intelligent systems modeling with reusable fuzzy objects [J]. International journal of intelligent systems, 1997, 12: 137–152.

[94] NAM M, NGOC N, NGUYEN H, et al. FPDB40: a fuzzy and probabilistic object base management system [C]// 2007 IEEE International Fuzzy Systems Conference. Piscataway: IEEE Press, 2007: 1–6.

[95] DE TRE G, DE CALUWE R. Level-2 fuzzy sets and their usefulness in object-oriented database modeling [J]. Fuzzy sets and systems, 2003, 140(1): 29–49.

[96] CROSS V. Fuzzy extensions for relationships in a generalized object model [J]. International journal of intelligent systems, 2001, 16: 843–861.

[97] LEE J, XUE N L, HSU K H, et al. Modeling imprecise requirements with

fuzzy objects [J]. Information sciences, 1999, 118: 101-119.

[98] MARIN N, PONS O, VILA M A. A strategy for adding fuzzy types to an object oriented database system [J]. International journal of intelligent systems, 2001, 16: 863-880.

[99] MAJUMDAR A K, BHATTACHARYA I, SAHA A K. An object - oriented fuzzy data model for similarity detection in image databases [J]. IEEE transactions on knowledge and data engineering, 2002, 14: 1186-1189.

[100] BORDOGNA G, PASI G, LUCARELLA D. A fuzzy object - oriented data model for managing vague and uncertain information [J]. International journal of intelligent systems, 1999, 14(7): 623-651.

[101] GYSEGHEM N V, CALUWE R D. Imprecision and uncertainty in the UFO database model [J]. Journal of the American society for information science, 1998, 49(3):236.

[102] KOYUNCU M, YAZICI A. IFOOD: an intelligent fuzzy object - oriented database architecture [J]. IEEE transactions on knowledge and data engineering, 2003, 15(5):1137-1154.

[103] CHEN P P. The entity - relationship model: toward a unified view of data [J]. ACM transactions on database systems, 1976, 1(1): 9-36.

[104] OMG. 2011. Unified Modeling Language (UML) Version 2. 4. 1[EB/OL]. [2020- 06- 01]. http://www. omg. org/spec/UML/2. 4. 1/Infrastructure/ PDF/.

[105] BARRANCO C D, CAMPANA J R, et al. On storing ontologies including fuzzy datatypes in relational databases [C]// 2007 IEEE International Conference on Fuzzy Systems. Piscataway: IEEE Press, 2007:1-6.

[106] LV Y H, MA Z M, et al. Fuzzy ontology storage in fuzzy relational database

[C]// International Conference on Fuzzy Systems and Knowledge Discovery. Piscataway: IEEE Press, 2009: 242-246.

[107] GRUBER T R. A translation approach to portable ontology specifications [J]. Knowledge acquisition, 1993, 5(2): 199-220.

[108] ANTONIOU G, GROTH P, HARMELEN VAN F, et al. A semantic web primer[M]. 3rd ed. Massachusetts: The MIT Press, 2012.

[109] BORST W N. Construction of engineering ontologies for knowledge sharing and reuse [D]. Enschede: University of Twente, 1997.

[110] STUDER R, BENJAMINS V R, FENSEL D. Knowledge engineering: principles and methods [J]. Data and knowledge engineering, 1998, 25(1/2): 161-197.

[111] 陆建江, 张亚非, 苗壮,等. 语义网原理与技术 [M]. 北京 : 科学出版社, 2007.

[112] 戴维民. 语义Web信息组织技术与方法 [M]. 上海: 学林出版社, 2008.

[113] 高俊, 王腾蛟, 杨冬青,等. 基于Ontology的Web内容二阶段半自动化提取方法 [J]. 计算机学报, 2004, 27(3):310-318.

[114] 金芝. 基于本体的需求自动获取 [J]. 计算机学报, 2000, 23(5):486-492.

[115] 李曼, 王大治, 杜小勇,等. 基于领域本体的Web服务动态组合 [J]. 计算机学报, 2005, 28(4):644-650.

[116] KANG D, XU B, LU J, et al. Extracting sub-ontology from multiple ontologies [C]// OTM Confederated International Conferences "On the Move to Meaningful Internet Systems". Berlin: Springer-Verlag, 2004: 731-740.

[117] SMETS P. Imperfect information: imprecision-uncertainty, uncertainty

management in information systems: from needs to solutions [M]. Dordrecht: Kluwer Academic Publishers, 1997:225–254.

[118] BOSC P, PRADE H. An introduction to fuzzy set and possibility theory based approaches to the treatment of uncertainty and imprecision in database management systems [C]// Proceedings of the Second Workshop on Uncertainty Management in Information Systems: From Needs to Solutions. Berlin: Springer-Verlag, 1993:44–70.

[119] MOTOR A, SMETS P. Uncertainty management in information systems: from needs to solutions [M]. Dordrecht: Kluwer Academic Publishers, 1997.

[120] MCGUINNESS D L, VAN HARMELEN F. OWL web ontology language overview [J]. W3C recommendation, 2004(10): 1–55.

[121] GOLBREICH C, WALLACE E K, PATEL-SCHNEIDER P F. OWL 2 web ontology language new features and rationale [EB/OL]. (2012-12-11) [2016-10-15]. https://www.w3.org/TR/owl2-new-features/. https://www.w3.org/TR/2012/REC-owl2-new-features-20121211/.

[122] OWL 2 web ontology language document overview[EB/OL]. 2nd ed. (2012-12-11)[2016-10-15]. https://www.w3.org/TR/2012/REC-owl2-overview-20121211/.

[123] OWL 2 web ontology language structural specification and functional-style syntax[EB/OL]. 2nd ed. [EB/OL].(2012-12-11)[2016-10-15]. https://www.w3.org/TR/2012/REC-owl2-syntax-20121211/.

[124] OWL 2 web ontology language direct semantics[EB/OL]. (2012-12-11) [2016-10-15]. https://www.w3.org/TR/2012/REC-owl2-direct-semantics-20121211/.

[125] HIRANKITTI V, MAI T X. A meta-logical approach for reasoning with an OWL 2 ontology [J]. Journal of ambient intelligence and humanized computing, 2012, 3(4): 293–303.

[126] GRAU B C, HORROCKS I, MOTIK B, et al. OWL 2: the next step for OWL [J]. Web semantics: science, services and agents on the world wide web, 2008, 6(4): 309–322.

[127] H ALPIN T. Metaschemas for ER, ORM and UML data models: a comparison [J]. Journal of database management, 2002, 13(2): 20.

[128] FONG J, KARLAPALEM K, LI Q, et al. Methodology of schema integration for new database applications: a practitioner's approach [M]. Pennsylvania: IGI Global, 2002: 194–218.

[129] JIANG Y C, TANG Y, WANG J. Fuzzy ER modeling with description logics [J]. Journal of software, 2006, 17(1): 20–30.

[130] MA Z M, ZHANG F , YAN L. Formal semantics-preserving translation from fuzzy ER model to fuzzy OWL DL ontology [J]. Web intelligence and agent systems, 2010, 8(4): 397–412.

[131] ZHANG F, MA Z M, CHENG J. Enhanced entity-relationship modeling with description logic [J]. Knowledge-based systems, 2016, 93: 12–32.

[132] ZHANG F, MA Z M, YAN L, et al. Construction of fuzzy OWL ontologies from fuzzy EER models: a semantics-preserving approach [J]. Fuzzy sets and systems, 2013, 229: 1–32.

[133] YAN L, MA Z M. Modeling fuzzy information in fuzzy extended entity-relationship model and fuzzy relational databases [J]. Journal of intelligent & fuzzy systems, 2014, 27(4): 1881–1896.

[134] YAN L, MA Z M. Formal translation from fuzzy EER model to fuzzy XML

model [J]. Expert systems with applications, 2014, 41(8): 3615-3627.

[135] YAN L, MA Z M. Incorporating fuzzy information into the formal mapping from web data model to extended entity-relationship model [J]. Integrated computer-aided engineering, 2012, 19(4): 313-330.

[136] WU L, FENG Y , YAN H. Software reengineering with architecture decomposition [C]// Proceedings of the 2007 ACM Symposium on Applied Computing. New York: Journal of the ACM, 2007: 1489-1493.

[137] ZHANG F, YAN L, MA Z M. Reasoning of fuzzy relational databases with fuzzy ontologies [J]. International journal of intelligent systems, 2012, 27 (6):613-634.

[138] VYSNIAUSKAS E, NEMURAITE L, PARADAUSKAS B. Hybrid method for storing and querying ontologies in databases [J]. Elektronika ir elektrotechnika, 2011, 115(9): 67-72.

[139] SUN Y, WANG J. Research on storage method based on fuzzy ontology [C]// International Conference On Computer Communication and Informatics. Piscataway: IEEE Press, 2013: 1-5.

[140] GEORGE R, SRIKANTH R, PETRY F E, et al. Uncertainty management issues in the object-oriented data model [J]. IEEE transactions on fuzzy systems, 1996, 4(2):179-192.

[141] DUBOIS D, PRADE H, ROSSAZZA J P. Vagueness, typicality, and uncertainty in class hierarchies [J]. International journal of intelligent systems, 1991, 6:167-183.

[142] ZICARI R, MILANO P. Incomplete information in object-oriented databases [J]. SIGMOD Record, 1990, 19(3): 5-16.

[143] YAN L, MA Z M. A probabilistic object-oriented database model with fuzzy

measures [M]. Berlin: Springer-Verlag, 2013: 23–38.

[144] LEVENE M. The nested universal relation database model[M]. Dordrecht: Springer Science + Business Media, 1992:.

[145] ROTH M A, KORTH H F, SILBERSCHATZ A. Null values in nested relational databases[J]. Acta informatica, 1989, 26(7): 615–642.

[146] YAZICI A, SOYSAL A, BUCHLES B P, et al. Uncertainty in a nested relational database model[J]. Data amd knowledge engineering, 1999, 30(3): 275–301.

[147] BUCKLES B P, PETRY F E. A fuzzy representation of data for relational databases[M]. California: Morgan Kaufmann, 1993: 660–666.

[148] PAREDAENS J, VAN GUCHT D. Converting nested algebra expressions into flat algebra expressions[J]. ACM transactions on database systems, 1992, 17(1): 65–93.

[149] ROTH M A, KORTH H F, BATORY D S. SQL/NF: a query language for¬1NF relational databases[J]. Information systems, 1987, 12(1): 99–114.

[150] OZSOYOGLU G, OZSOYOGLU Z M, MATOS V, et al. Extending relational algebra and relational calculus with set-valued attributes and aggregate functions[J]. ACM transactions on database systems, 1987, 12(4): 566–592.

[151] THOMAS S J, FISCHER P C. Nested relational structures[J]. Advances in computing research, 1986,3: 269–307.

后　记

首先以我最真诚的敬意感谢我的导师马宗民教授。能够成为马老师的学生是我人生最大的幸事，在攻读博士学位期间马老师给予我最大的关怀和悉心的指导。在做人方面，马老师为人和善、治学严谨，他用自己的实际行动告诉我们怎样才能成为一个正直的人、一个对社会有用的人。在学术方面，马老师学识渊博、勤奋努力，作为导师几乎每天早上是最早到实验室的，晚上是最晚离开实验室的，周末和节假日依然如此，很少休息，他用自己的实际行动告诉我们怎样才能成为一名合格的科研工作者。每当我们晚上从外面回来，走进东北大学的北门，看到实验室老师房间的灯还在亮着，意识到是在警示我们“抓紧时间搞科研”。在进入实验室之前，我的科研能力比较弱，马老师在研究方向的把握、研究工作的进展、研究思路的选取等方面给予我全面的指导。我至今还保留着马老师指导我读的第一篇英文文献的批注，我完成第一篇论文初稿时，马老师花费了大量的精力和时间来修改，哪怕是一个很小的错误都做了清楚的批注和讲解，这些批注的内容我仍记忆犹新，它们对我今后撰写论文有很大的帮助。由于我的写作水平有限，我的第一篇文章经历了多次投稿和拒稿，每次马老师都能全面细致地指导和修改；同时，教会我如何回复评审专家的修改意见，以确保论文投出后的命中率。每当看到以前论文中密密麻麻的标注，我心里都会产生无以名状的感动，能遇上马老师真的很幸运，真心感谢马老师！马老师渊博的知识、精辟的学术观点、精益求精的治学态度、勤奋不息的工作作风，让我领略到真正的大家风范。在生活方面，马老师的帮助，让我感受到马老师对于我不仅有导师的要求，更有长辈的关怀。再多的言语也无法表达我的感谢之情，再次衷心感谢马老师对我的培育之恩！

在这里，我还要衷心感谢严丽老师，严老师在学习、生活上也给予我莫大的关心、指导和帮助，让我在紧张的求学过程中感受到家人一样的温暖。

此外，还要感谢实验室的师兄、师姐和师弟、师妹们。在攻读博士学位期间，他们给予我很多帮助，让我受益匪浅。特别是程经纬博士、张富博士、王海荣博士、柏禄一博士、程海涛博士、李婷博士、陈旭博士、赵震博士、李贯峰博士、林晓庆博士、田宇星硕士、王龙强硕士、韩仲良硕士、杨帆硕士、高屹硕士，在你们身上学到了太多的东西，有大家的陪伴，生活总是充满欢笑，我的读博生涯也因此变得轻松许多。特别感谢每天常驻实验室的兄弟们，每天一起互相探讨学术上的问题，每周一起锻炼身体、一起聚餐，让我感受到同学之间那种纯真、自然的情感，使我找到了一片心灵上的净土。

感谢我单位的同事和朋友，科研的道路是苦涩的，需要花费大量的时间去思考和写作，你们总是尽可能地帮我承担更多的工作，给我留出足够的时间让我去搞科研，感谢你们的理解与帮助。

在这里，还要感谢我的家人，特别是我的爱人，是你的宽容与支持让我一路走到现在，为了让我能够安心读书，你付出太多艰辛，担负本应由我来承担的责任，我无法用言语来表达，唯有以孜孜不倦的奋斗和无微不至的关心来报答你。